Phasengesteuerte Antennen-Gruppenstrahler

Shun-Ping Chen · Heinz Schmiedel

Phasengesteuerte Antennen-Gruppenstrahler

Strahlschwenkung und Strahlformung im Nahfeld und Fernfeld

Shun-Ping Chen
Hochschule Darmstadt University of Applied
Sciences
Darmstadt, Deutschland

Heinz Schmiedel
Hochschule Darmstadt University of Applied
Sciences
Darmstadt, Deutschland

ISBN 978-3-031-56829-9   ISBN 978-3-031-56830-5 (eBook)
https://doi.org/10.1007/978-3-031-56830-5

Die Deutsche Nationalbibliothek verzeichnet diese Publikation in der Deutschen Nationalbibliografie; detaillierte bibliografische Daten sind im Internet über https://portal.dnb.de abrufbar.

Übersetzung der englischen Ausgabe: „RF Antenna Beam Forming" von Shun-Ping Chen und Heinz Schmiedel, © The Editor(s) (if applicable) and The Author(s), under exclusive license to Springer Nature Switzerland AG 2023. Veröffentlicht durch Springer International Publishing. Alle Rechte vorbehalten.

© Der/die Herausgeber bzw. der/die Autor(en), exklusiv lizenziert an Springer Nature Switzerland AG 2024

Planung/Lektorat: Alexander Gruen
Springer ist ein Imprint der eingetragenen Gesellschaft Springer Nature Switzerland AG und ist ein Teil von Springer Nature.
Die Anschrift der Gesellschaft ist: Gewerbestrasse 11, 6330 Cham, Switzerland

Das Papier dieses Produkts ist recycelbar.

Für Michael, Anna, Katja and Angela

Vorwort

Dieses Buch wurde in erster Linie für Studierende der Elektrotechnik und der Informationstechnologie geschrieben. Ebenso soll es Ingenieurinnen und Ingenieuren, sowie Projektmanagerinnen und -managern der Hochfrequenztechnik, einen technik-orientierten Überblick über phasengesteuerte Antennen-Gruppenstrahler mit Strahlschwenkung und Strahlformung geben. Dies soll sie anregen und befähigen, Ideen und Visionen mit eigenen Anwendungen zu entwickeln.

In dem vorliegenden Buch in deutscher Sprache haben wir uns bewusst – bis auf sehr wenige Ausnahmen – dafür entschieden, dass möglichst viele deutsche Begriffe benutzt werden, wenn auch viele Forscher, Entwickler und Hochschullehrer im Alltag oft eine Mischung von englischen und deutschen Fachbegriffen benutzen, auch wenn die Gefahr besteht, dass es altbacken vorkommt, dafür bitten wir um Verständnis. Die Verwendung der deutschen Begriffe können nach unserer Meinung in Ausbildung und insbesondere im Bachelor-Studium in der Fachrichtung Kommunikationstechnologie bzw. Nachrichtentechnik durchaus hilfreich sein. Im Abkürzungsverzeichnis werden sowohl deutsche als auch englische Begriffe angegeben.

Phasengesteuerte Antennen-Gruppenstrahler werden insbesondere seit ca. 1960 für zahlreiche Anwendungen entwickelt. Einige dieser Anwendungen verwenden Gruppenstrahler mit festen Ansteuerungen. Diese Gruppenantennen haben eine größere Gesamtantennenapertur als Einzelantennen und dementsprechend einen höheren Antennengewinn. Andere Systeme benutzen Phasen- und Amplitudensteuerung um eine definierte Strahlschwenkung und Strahlformung zu erzielen. Die Eigenschaften dieser Antennen-Gruppenstrahler-Systeme, bestehend aus vielen Antenneneinzelelementen, hängen vom verwendeten Antennenelement ab sowie von der korrekten Phasen- und Amplitudensteuerung. Mit geeigneter Phasensteuerung der individuellen Antennenelemente kann der Antennenstrahl, oder die Antennenhauptkeule, in einem weiten Winkelbereich geschwenkt werden. 1-dimensionale Antennenanordnung erlauben die Strahlschwenkung in einer Ebene, 2-dimensionale Antennenanordnungen entsprechend eine Strahlschwenkung im Raum.

Um die bisher durchgeführten theoretischen Untersuchungsergebnisse zu verifieren, haben wir umfangreiche, zeitintensive Messungen für alle Szenarien durchgeführt. Diese

Messergebnisse haben wir mit den Simulationsergebnissen verglichen. Diese Ergebnisse möchten wir vollständig und als Vergleiche in diesem Buch dokumentieren.

Bei zusätzlicher Steuerung der Amplituden der einzelnen Antennenelemente, auch Amplitudenwichtung genannt, kann der Antennenstrahl nach vorgegebener Spezifikation geformt werden, z. B. Unterdrückung von Nebenkeulen oder Einfügen von Nullstellen im Strahlungsdiagramm.

Bekannte Anwendungen von phasengesteuerten Antennen-Gruppenstrahlern sind beispielsweise das PATRIOT-Raketenabwehrsystem oder auch das IRIDIUM-System für weltweite Satellitenkommunikation für Telefonie und auch Datenübertragung. Strahlschwenkung und Strahlformung sind auch eine wesentliche Grundlage für das 5G Mobilfunksystem. Ein Kapitel dieses Buchs widmet sich daher diesen, in der 5G-Technologie, wichtigen MIMO-Antennensystemen.

Die meisten Leser werden mit den Maxwellschen Gleichungen und den Grundlagen der elektromagnetischen Wellen vertraut sein. Zur Einführung in die Thematik der phasengesteuerten Antennen-Gruppenstrahler werden jedoch im ersten Kapitel diese Grundlagen aufgefrischt. Sie dienen als Grundlage für spätere Betrachtungen. Außerdem sind sie hilfreich, sich in die allgemeine Antennenproblematik hineinzudenken.

Im dann folgenden Kapitel werden verschiedene gebräuchliche Antennen, bzw. Antennenelemente beschrieben. All diese können prinzipiell für phasengesteuerte Antennen-Gruppenstrahler eingesetzt werden. Bekannte Antennenelemente sind z. B. Dipole für Dipolgruppen für TV-Empfang, Helixantennen für die Antennen-Gruppenstrahler auf den GPS-Satelliten, Patch-Antennen für die phasengesteuerten Antennen-Gruppenstrahler auf den IRIDIUM-Satelliten und viele andere mehr.

Darauf folgt ein umfangreiches Kapitel, welches lineare Gruppenstrahler beschreibt. Es wird ein umfangreicher Katalog von Anordnungen beschrieben, mit Strahlschwenkung und verschiedenen Strahlformungen. Umfangreiche Simulationsergebnisse und Vergleiche mit praktisch durchgeführten Messungen werden im Detail diskutiert. Es werden Beispiele mit definierten Strahlschwenkungswinkeln gezeigt.

Ebenso werden Amplitudenwichtungen angewandt, um spezifizierte Strahlformungen zu erzielen. Homogene, binomische und Tschebyscheff-Wichtungen werden behandelt. Die Eigenschaften dieser unterschiedlichen Varianten werden für verschiedene Strahlschwenkungswinkel, sowohl im Fernfeld als auch im Nahfeld untersucht und dargestellt.

Im nächsten Kapitel werden diese linearen Gruppenstrahler auf 2-dimensionale Anordnungen erweitert. Es werden planare Antennen-Gruppenstrahler untersucht, wobei die einzelnen Antennenelemente in einer 2-dimensionalen Fläche platziert werden. Auch hier werden wieder verschiedene Strahlschwenkungswinkel und Strahlformungen untersucht und dargestellt.

Folgend werden sogenannte konforme Gruppenstrahler betrachtet. Zunächst wird der zuvor beschriebene lineare Gruppenstrahler in eine definierte Krümmung gebracht. Alle Antennenelemente sitzen nun auf einem Kreisbogensegment. Es kommen zwei Varianten in Frage, konkave und konvexe Anordnungen. Die konkave Anordnung ist von besonderer

Bedeutung, da mit ihr Objekte im Nahfeld in einem Fokus des konkaven Gruppenstrahlers bestrahlt werden können, wobei dann alle Phasen der einzelnen Antennenelemente sowie alle Amplituden identisch sind. Andererseits ist die konvexe Anordnung ebenfalls von Interesse, da mit ihr auf einem Antennenturm mit Antennenelementen auf einem vollständigen Kreis eine vollständige 360°-Abdeckung erreicht werden kann. In unserem Beispiel wird lediglich ein Baustein dieser Rundumantenne, d. h. ein Kreissegment bestückt und untersucht.

Nach diesen speziellen 1- und 2-dimensionalen Antennenanordnungen, werden im nächsten Kapitel verschiedene Anwendungen beleuchtet. Nach einer Einführung in bestehende Systeme, nach dem gegenwärtigen Stand der Technik, werden ausführlich MIMO-Systeme behandelt. In diesen MIMO-Anwendungen wird der Antennenstrahl teilweise auch zwischen verschiedenen Nutzern hin und her geschaltet. Ebenso kann eine Interferenzunterdrückung vorgenommen werden. Das Anwendungskapitel schließt mit einer kurzen Beschreibung von „ausgedünnten" Antennen-Gruppenstrahlern (thinned antenna arrays), wie sie für das Deep-Space Kommunikationsnetzwerk verwendet werden.

In jedem Fall möchten die Autoren das Interesse der Leserinnen und Leser für die vielen gegenwärtigen und zukünftigen Anwendungen von Strahlschwenkung und Strahlformung wecken und anregen. Fast grenzenlos sind Visionen und Möglichkeiten.

Darmstadt   Shun-Ping Chen
November 2023   Heinz Schmiedel

Danksagung

Die Autoren danken allen Kolleginnen und Kollegen des Instituts für Nachrichtentechnik im Fachbereich Elektrotechnik und Informationstechnik der Hochschule Darmstadt h_da für die Ermöglichung und Unterstützung der Forschungsaktivitäten sowie für zahlreiche hilfreiche Diskussionen.

Shun-Ping Chen bedankt sich bei Prof. Arne Jacob, dem ehemaligen Leiter des Instituts für Hochfrequenztechnik an der Technischen Universität Hamburg dafür, dass er im Projekt Nahfeldstrahlformung und Strahlfokussierung im August 2011 – März 2012 während seines Forschungssemesters mitarbeiten konnte. Seitdem ist das eins seiner Lieblingsforschungsprojekte.

Die Autoren wertschätzen die starke Unterstützung der Firma Mitron Inc. Insbesondere gilt der Dank dem Präsidenten und Systemdesigner, Herrn Wei Liu, und seinen Entwicklerkollegen für die tatkräftige Unterstützung und mehrere Videokonferenzen während der ersten Phase nach der Implementierung des Systems in unserem Labor, so dass wir zügig und erfolgreich mit den Experimenten beginnen konnten.

Nach dem Erscheinen unseres Buchs in englischer Sprache mit dem Titel „RF Antenna Beam Forming. Focusing and Steering in Near and Far Field" in Zusammenarbeit mit Springer Nature Anfang 2023, haben wir in Abstimmung mit dem Verlag Springer Nature dann dieses vorliegende Buch auch in deutscher Sprache verfasst. Die Autoren möchten dem Redaktionsteam von Springer Nature danken, insbesondere und stellvertretend dem Programmleiter Reinhard Dapper, für die wertvolle Unterstützung und viele Ratschläge.

Inhaltsverzeichnis

Abkürzungsverzeichnis

16QAM	Quadrature Amplitude Modulation with 16 symbols/ Quadratur-Amplituden-Modulation mit 16 Symbolen
32QAM	Quadrature Amplitude Modulation with 32 symbols/ Quadratur-Amplituden-Modulation mit 32 Symbolen
64QAM	Quadrature Amplitude Modulation with 64 symbols/ Quadratur-Amplituden-Modulation mit 64 Symbolen
256QAM	Quadrature Amplitude Modulation with 256 symbols/ Quadratur-Amplituden-Modulation mit 256 Symbolen
2G	GSM, Global System of Mobile Communications/Mobilfunkstandard 2G
3G	UMTS, Universal Mobile Telecommunication System/ Mobilfunkstandard 3G
3GPP	Third Generation Project Partnership, International Standardization Organization for Mobile/Internationale Standardisierungsorganisation für den Mobilfunk
4G	LTE, Long Term Evolution/Mobilfunkstandard 4G
5G	5th Generation Mobile Communication Networks/Mobilfunkstandard 5G
6G	6th Generation Mobile Communication Networks/Mobilfunkstandard 6G
Array	Antenna Array/Gruppenstrahler
ASICs	Application-Specific Integrated Circuits/Anwendungsspezifische integrierte Schaltkreise
AU	Astronomical unit, distance between earth and sun, about 150 million km/Astronomische Einheit, Abstand Sonne-Erde, ungefähr 150 Mio. km
BER	Bit Error Rate/Bitfehlerrate
C Band	4 GHz – 8 GHz band/4 GHz – 8 GHz Band
Closed-Loop	Closed-loop beamforming/Closed-Loop-Strahlformung (geschlossene Schleife, d. h. mit Rückkopplung vom Empfänger)

CSI	Channel State Information, Cell-specific channel state measurement information/Statusinformation eines zellenspezifischen Kanals
DAB	Digital Audio Broadcasting/Digitaler Rundfunkstandard
DL	Downlink/Abwärtsstrecke
DM-RS	Demodulation Reference Signal/Referenzsignal für die Demodulation
DMT	Discrete Multi-Tone Technique/Diskretes Multiträger-Verfahren
DSOC	Deep Space Optical Communications/Optische Kommunikation mit weit entfernten Raumsonden in der Raumfahrt
DSP	Digital Signal Processing/Digitale Signalverarbeitung
DSN	Deep Space Networks/Netzwerk für die Kommunikation mit weit entfernten Raumsonden, Weitraumnetzwerk
DVB	Digital Video Broadcasting/Standard für die digitale Video- bzw. TV-Übertragung
ELF Band	Extremely Low Frequency Band/extrem niedrige Frequenzen (siehe Anhang A.1–A.3)
eNodeB, eNB	evolved NodeB, 4G/5G Base Station/4G/5G Basisstation
ESA	European Space Agency/Europäische Raumfahrtbehörde
FDMA	Frequency Division Multiple Access/ Frequenzmultiplexzugriffsverfahren
FPGA	Field Programmable Gate Array/Programmierbare Logik-Gatter-Anordnungen
ISI	Inter-Symbol Interference/Intersymbolinterferenz
ISM Band	Industrial, Scientific and Medical Frequency Bands/Frequenzbänder zur lizenzfreien Nutzung für industrielle, wissenschaftliche und medizinische Anwendungen
ISO	International Sandardization Organization/Internationale Standardisierungsorganisation
ITU	International Telecommunication Union/Internationale Organisation für Telekommunikation, verantwortlich für die Standardisierung
ITU-T	ITU Recommendations for Telecommunication Systems and Applications/ITU Empfehlungen bzw. Standards für die Kommunikationssysteme und Anwendungen
ITU-R	ITU Radiocommunication Recommendations for Radiocommunications/ ITU Empfehlungen bzw. Standards für die Funkwellenkommunikation
K Band	18–21 GHz band/18–21 GHz Band
Ka Band	27–40 GHz band/27–40 GHz Band
Ku Band	12–18 GHz band/12–18 GHz Band
L Band	1–2 GHz band/1–2 GHz Band
LF Band	Low Frequency Band/Niedrige Frequenzen (siehe Anhang A.1–A.3)
LOS/LoS	Line of Sight propagation condition or environment/Sichtverbindung
LSE	Least Square Errors/Summe der kleinsten Quadrate der Fehlerabweichungen

LTE	Long Term Evolution, 4th Generation Mobile Communication Networks/4G Mobilfunkstandard
LTE-A	Long Term Evolution Advanced, 4th Generation Mobile Communication Networks/weiterentwickelter 4G Mobilfunkstandard
MBWA	Mobile Broadband Wireless Access/Mobiler Breitband-Zugriff
MCS	Modulation and Coding Scheme/Modulation- und Kodierungsverfahren
MF Band	Medium Frequency Band/Mittlere Frequenzen (siehe Anhang A.1–A.3)
MIMO	Multiple Input Multiple Output/Systeme mit Vielfach-Sendeantennen und Vielfach-Empfangsantennen
MISO	Multiple Input Single Output/Systeme mit Vielfach-Sendeantennen und einer Empfangsantenne
ML	Maximum Likelihood/Größte Wahrscheinlichkeit
MMSE	Minimum Mean Square Errors/Minimum der mittleren quadratischen Fehler
M-RAT	5G Multiple Radio Access Technologies/5G Standard mit einer Kombination verschiedener Funktechnologien
MRRC	Maximum Ratio Receive Combining/Optimiertes Verfahren zum Empfang mit MIMO-System
MSE	Mean Square Error/Mittlerer quadratischer Fehler
MU-MIMO	Multiple User Multiple Input Multiple Output/MIMO System für mehrere Nutzer
NASA	National Aeronautics and Space Administration/US-Amerikanische Raumfahrtbehörde
NLOS	Non Line of Sight propagation condition/Wellenausbreitungsbedingung ohne Sichtverbindung
PAPR	Peak to Average Power Ratio/Verhältnis von Spitzenleistung zu mittlerer Leistung
OFDM	Orthogonal Frequency Division Multiplex/Orthogonaler Frequenzmultiplex
OFDMA	Orthogonal Frequency Division Multiple Access, LTE Downlink/ Orthogonales Frequenzmultiplex-Zugriffsverfahren, LTE Abwärtsstrecke
Open-Loop	Open-loop beamforming/Open-Loop-Strahlformung (offene Schleife, d. h. ohne Rückkopplung vom Empfänger)
PDSCH	Physical Downlink Shared Channel/Mehrfacher Kanalnutzung für die physikalische Abwärtsstrecke
QAM	Quadrature Amplitude Modulation/Quadratur-Amplituden-Modulation
QPSK	Quadrature Phase Shift Keying modulation technique/ Quadratur-Phasenumtastung
RB	Resource Block/Ressourcenblock
RE	Resource Element/Ressourcenelement

RS	Reference Signal/Referenzsignal
S Band	2–4 GHz band/2–4 GHz Band
SC-FDMA	Single Carrier Frequency Division Multiple Access, LTE Uplink/ Einzelträger Frequenzmultiplex-Zugriffsverfahren
SHF Band	Super High Frequency Band/Sehr hohe Frequenzen (siehe Anhang A.1–A.3)
SINR	Signal to Interference and Noise Ratio/Verhältnis von Signalleistung zu Interferenz- und Rauschleistung
SISO	Single Input Single Output/System mit einzelner Sendeantenne und einzelner Empfangsantenne
SIMO	Single Input Multiple Output/System mit einzelner Sendeantenne und Vielfach-Empfangsantenne
SLF Band	Super Low Frequency Band/Sehr niedrige Frequenzen (siehe Anhang A.1–A.3)
SNR	Signal to Noise Ratio/Verhältnis von Signalleistung zu Rauschleistung
STBC	Space-Time Block Coding/Raum-Zeit-Blockkodierung
SU-MIMO	Single User Multiple Input Multiple Output/Einzelnutzer MIMO-System
TDMA	Time Division Multiple Access/Zeitmultiplex-Zugriffsverfahren
THF Band	Tremendously High Frequency Band/Extrem hohe Frequenzen (siehe Anhang A.1–A.3)
TMN	Telecommunications Management Network/Managementnetzwerk für Kommunikationssysteme
UHF Band	Ultra High Frequency Band/Extrem hohe Frequenzen (siehe Anhang A.1–A.3)
UL	Uplink/Aufwärtsstrecke
ULF Band	Ultra Low Frequency Band/Extrem niedrige Frequenzen (siehe Anhang A.1–A.3)
UMTS	Universal Mobile Telecommunication System, 3rd Generation Mobile Communication Networks/3G Mobilfunkstandard
UV	Ultraviolet/Ultraviolett
VHF Band	Very High Frequency Band/Sehr hohe Frequenzen (siehe Anhang A.1–A.3)
VLF Band	Very Low Frequency Band/Sehr niedrige Frequenzen (siehe Anhang A.1–A.3)
WLAN	Wireless Local Area Network, also called WiFi/Drahtlose Zugangsnetz im lokalen Bereich, auch WiFi genannt
ZF	Zero Forcing algorithm for channel estimation/Algorithmus zur Kanalschätzung insbesondere zur Minimierung der Interferenz bei mehreren Nutzern

Über die Autoren

Dr. Shun-Ping Chen studierte Elektrotechnik mit den Schwerpunkten Hochfrequenztechnik, Nachrichtentechnik und Nachrichtensysteme an der Technischen Universität Braunschweig und erhielt seinen Dr.-Ing. (PhD) Abschluss mit einer Arbeit über die Untersuchung verschiedener Komponenten der optoelektronischen Integration im Jahr 1992, bevor er als Forschungs- und Entwicklungsingenieur und Projektmanager am Forschungszentrum von FUBA arbeitete und sich mit Mikrowellentechnik, Antennendesign, Breitband-CATV, Netzwerkplanung und Netzoptimierung beschäftigte. Von 1995 bis 2003 war er Projektingenieur, Projektmanager, Gruppenleiter und Abteilungsleiter beim deutschen Mobilfunknetzbetreiber E-Plus, mittlerweile fusioniert mit O2 Telefonica Deutschland, wo er für die Transportnetzplanung und Systeme verantwortlich war und auch das Glasfaser-SDH/DWDM-Backbone-Netz-Projekt vorschlug und durchführte. Von 2003 bis 2008 war er CTO/CIO und IT-Leiter verschiedener deutscher Unternehmen in den Bereichen Elektronik, Nachrichten/Medien und Transportlogistik. Seit 2008 ist Dr. Chen Professor für Kommunikationstechnologien an der Hochschule Darmstadt. Von 2015 bis 2023 war er Direktor des Instituts für Nachrichtentechnik. Von August 2011 bis März 2012 war er Gastwissenschaftler am T-Labs Wireless Research Department der Deutschen Telekom (Projekt: DA2GC Direct Air to Ground Communications) und der Technischen Universität Hamburg (Projekt: RF Near Field Beam Forming). Von Oktober 2016 bis April 2017 war er Gastwissenschaftler bei NOKIA Bell Labs (Projekte: 5G M-RAT und 5G Massive MIMO). Von Oktober 2020 bis Oktober 2021 war Dr. Chen Gastwissenschaftler bei ESA/

ESOC (Projekte: Deep Space Optical Communications DSOC
und RF Amplitude and Phase Scintillation).

Dr. Heinz Schmiedel studierte Elektrotechnik/
Nachrichtentechnik an der Technischen Hochschule Mittel-
hessen Gießen und erhielt 1975 seinen Ing.-grad.-Abschluss.
Er erwarb seinen Dipl.-Ing.-Abschluss und promovierte zum
Dr.-Ing. nach dem Studium der Elektrotechnik an der Universität Bremen 1979 bzw. 1983. Seine Forschungsinteressen
lagen im Bereich der Simulation und Optimierung von Mikro-
wellenkomponenten. Nach seinem Eintritt bei der Deutschen
Bundespost (heute Deutsche Telekom) forschte er am For-
schungsinstitut der Deutschen Bundespost in Darmstadt im
Bereich Satellitenkommunikation. Von 1990 bis 2000 war er
Professor an der Fachhochschule FH Dieburg, Deutschland,
mit Lehr- und Forschungsschwerpunkt auf Mikrowellenkom-
ponenten und -systemen. Seit 2000 ist er als Professor an
der Hochschule Darmstadt tätig. Seine weiteren Lehr- und
Forschungsinteressen liegen im Bereich Mikrowellenkompo-
nenten und -systeme, Messtechnik, Satellitenkommunikation
und numerische Optimierungsverfahren. Er hatte die Mög-
lichkeit, während der Forschungssemester für jeweils ein
Semester zu forschen und zu lehren, als Gastprofessor an der
Intelsat Company, D.C., USA, 1995; University of Wisconsin,
Platteville, WI, USA, 2003; Purdue University, Lafayette,
IN, USA, 2009 und James Cook University, Townsville, QL,
Australien, 2016. Er hat mehr als 40 wissenschaftliche und
Konferenzbeiträge veröffentlicht.

1.1 Maxwellsche Gleichungen

Maxwellsche Gleichungen sind die maßgeblichen Gleichungen für die Analyse aller Probleme der Ausbreitung elektromagnetischer Wellen, von HF-Funkwellen, die in der zellularen Mobilkommunikation 1–2 GHz verwendet werden, über mm-Wellen (Frequenzbereich 30–100 GHz) bis hin zur Ausbreitung optischer Wellen im Frequenzbereich von 200 THz (siehe auch [1–5]). Je nach Anwendung kommen unterschiedliche Trägerfrequenzen von 1 GHz über mm-Wellen oder sogar bis zum optischen Spektrum zum Einsatz. Diese Frequenzen haben unterschiedliche Abkürzungen, die von verschiedenen Organisationen wie IEEE, ITU, EU und NATO standardisiert wurden, und sind im Anhang A aufgeführt.

$$\nabla \times \mathbf{E} = -\frac{\partial \mathbf{B}}{\partial t}, \tag{1.1}$$

$$\nabla \times \mathbf{H} = \frac{\partial \mathbf{D}}{\partial t} + \mathbf{J}, \tag{1.2}$$

$$\nabla \cdot \mathbf{D} = \rho, \tag{1.3}$$

$$\nabla \cdot \mathbf{B} = 0. \tag{1.4}$$

1.2 Vektoralgebra

Mithilfe der Vektoralgebra können die obigen Maxwellschen Gleichungen abhängig von den zu untersuchenden Problemen in unterschiedlichen Koordinatensystemen abgeleitet werden. Beispielsweise ist für rechteckige metallische Wellenleiter das kartesische Koordinatensystem (x, y, z, t) sinnvoll, während für Probleme mit zylindrischen Wellenleitern aus Metall oder Quarzglas das zylindrische Koordinatensystem (r, ϕ, z, t) verwendet wird. Für

© Der/die Herausgeber bzw. der/die Autor(en), exklusiv lizenziert an Springer Nature Switzerland AG 2024
S.-P. Chen und H. Schmiedel, *Phasengesteuerte Antennen- Gruppenstrahler*,
https://doi.org/10.1007/978-3-031-56830-5_1

Tab. 1.1 Parameter und Einheiten der elektromagnetischer Felder

Feldvektor	Symbol	Einheit
Elektrisches Feld	E	V/m
Dielectrische Verschiebung	D	As/m^2
Magnetisches Feld	H	A/m
Magnetische Flußdichte/Induktion	B	$T = Vs/m^2$
Stromdichte	J	A/m^2

die Antennenprobleme ist das Polarkoordinatensystem (r, θ, ϕ, t) hilfreich. Im Folgenden werden wir kurz auf die Vektoralgebra und die Ableitung der Maxwellschen Gleichungen in die Helmholtz-Gleichungen als gute Näherung [2, 5] eingehen. Im Allgemeinen ist ein dynamisches Feld eine physikalische Größe mit unterschiedlichen Amplituden und Ausrichtungen an verschiedenen Orten und zu verschiedenen Zeitpunkten.

Vektorfelder, die mit unterschiedlichen Frequenzen f variieren, haben immer charakteristische Werte oder Größen und zeigen an bestimmten Positionen in bestimmte Richtungen (Tab. 1.1). Zum Beispiel:

Elektrisches Feld $\mathbf{E}(x, y, z, t)$ und dielektrische Verschiebung $\mathbf{D}(x, y, z, t)$;
Magnetfeld $\mathbf{H}(x, y, z, t)$ und magnetische Induktion $\mathbf{B}(x, y, z, t)$;
Vektorpotential $\mathbf{A}(x, y, z, t)$;
Mechanische Kraft $\mathbf{F}(x, y, z, t)$;
Geschwindigkeit eines Festkörpers oder einer Flüssigkeit $\mathbf{v}(x, y, z, t)$.

Im Vergleich zu Vektorfeldern haben Skalarfelder nur einen Wert oder eine Größe und sind richtungsunabhängig. Zum Beispiel:

Temperaturfeld $T(x, y, z, t)$;
Potential $\Phi(x, y, z, t)$;
Elektrische Ladungen $q(x, y, z, t)$ oder Ladungsdichte $\rho(x, y, z, t)$.

Vektoralgebra-Definitionen sind die folgenden

$$\nabla = \left(\frac{\partial}{\partial x}, \frac{\partial}{\partial y}, \frac{\partial}{\partial z}\right), \tag{1.5}$$

$$\nabla \mathbf{E} = \left(\frac{\partial E_x}{\partial x}, \frac{\partial E_y}{\partial y}, \frac{\partial E_z}{\partial z}\right) = \text{grad } \mathbf{E}, \tag{1.6}$$

$$\nabla \cdot \mathbf{E} = \nabla_x E_x + \nabla_y E_y + \nabla_z E_z = \text{div } \mathbf{E}, \tag{1.7}$$

$$\nabla \times \mathbf{E} = \text{rot } \mathbf{E} = \text{curl } \mathbf{E}, \tag{1.8}$$

$$(\nabla \times \mathbf{E})_z = \nabla_x E_y - \nabla_y E_x, \tag{1.9}$$

$$(\nabla \times \mathbf{E})_x = \nabla_y E_z - \nabla_z E_y, \tag{1.10}$$

$$(\nabla \times \mathbf{E})_y = \nabla_z E_x - \nabla_x E_z. \tag{1.11}$$

Wichtige Regeln der Vektoralgebra sind:

$$\nabla \cdot (\nabla T) = \nabla^2 T, \tag{1.12}$$

$$\nabla \times (\nabla T) = 0, \tag{1.13}$$

$$\nabla (\nabla \cdot \mathbf{E}) = \text{ein Vektor}, \tag{1.14}$$

$$\nabla \cdot (\nabla \times \mathbf{E}) = 0, \tag{1.15}$$

$$\nabla \times (\nabla \times \mathbf{E}) = \nabla (\nabla \cdot \mathbf{E}) - \nabla^2 \mathbf{E}, \tag{1.16}$$

$$(\nabla \cdot \nabla) \mathbf{E} = \nabla^2 \mathbf{E}. \tag{1.17}$$

1.3   Wellenausbreitung in verschiedenen Medien

Kräfte, elektrische und magnetische Felder

$$\mathbf{F} = q (\mathbf{E} + \mathbf{v} \times \mathbf{B}). \tag{1.18}$$

Prinzip der Überlagerung von Feldern in linearen Medien

$$\mathbf{E} = \mathbf{E}_1 + \mathbf{E}_2. \tag{1.19}$$

Aus den Gl. (1.1) und (1.2) sehen wir, dass elektrische und magnetische Felder immer miteinander in Beziehung stehen und die elektromagnetischen Wellen bilden, die Energie in eine bestimmte Richtung transportieren, wie durch den Poynting-Vektor definiert

$$\mathbf{S} = \mathbf{E} \times \mathbf{H}. \tag{1.20}$$

Die Gesamtleistung, die durch die Fläche S' transportiert wird, beträgt

$$P = \int_{S'} \mathbf{E} \times \mathbf{H} \cdot \mathrm{d}\mathbf{s}. \tag{1.21}$$

Zur Untersuchung von Wellenausbreitung oder Antennenproblemen werden die Wellen durch die Stromdichte $\mathbf{J}$ einer Quelle mit einer bestimmten Trägerfrequenz f erzeugt und mit den Informationsdaten in vielfältigen Modulationsschemata moduliert. Diese Wellen werden über das sogenannte reaktive Nahfeld an die Antenne (z. B. Dipolantenne, Patchantenne, Hornantenne, Helixantenne oder Parabolantenne) angepasst und dann in den Nahfeld- und Fernfeld-Freiraum abgestrahlt.

Das reaktive Nahfeld ($r < R_1$), das strahlende Nahfeld (Fresnel-Gebiet, $R_1 < r < R_2$) und das Fernfeld (Fraunhofer-Gebiet, $r > R_2$) werden durch R_1 und R_2 charakterisiert [3] wobei D der Durchmesser der Antenne oder die größte Abmessung eines Antennen-Gruppenstrahlers ist

$$R_1 = 0.62 \sqrt{\frac{D^3}{\lambda}}, \tag{1.22}$$

$$R_2 = \frac{2\,D^2}{\lambda}. \tag{1.23}$$

Die Beschreibung elektromagnetischer Wellen in einem im Allgemeinen inhomogenen dielektrischen isotropen Medium erfordert oft numerische Methoden, um die Differential-gleichungen zu lösen. In einigen Fällen helfen einige vereinfachte Annahmen, diese Differentialgleichungen analytisch zu lösen, wie später erläutert wird. Durch die Betrachtung der im Allgemeinen frequenzabhängigen Eigenschaften der elektromagnetischen Wellen in einem im Allgemeinen inhomogenen dielektrischen Medium bei der Frequenz f oder Kreisfrequenz $\omega = 2\pi f$ haben wir

$$\underline{\mathbf{E}}(\mathbf{r}, \omega) = \int_{-\infty}^{\infty} \mathbf{E}(\mathbf{r}, t) \cdot \mathrm{e}^{-j\omega t} \cdot \mathrm{d}t. \tag{1.24}$$

Diese Gleichung ist die Fourier-Transformation des elektrischen Feldes. Es ermöglicht uns, das Frequenzspektrum einer gegebenen Funktion über der Zeit zu berechnen. Wenn wir diese Gleichung interpretieren, sehen wir, dass ein Signal mit einer hohen Datenrate, bei dem sich die Signalamplitude mit der Zeit schnell ändert, ein breites Frequenzspektrum hat oder eine große Bandbreite benötigt. Mit dieser komplexen Notation ergeben sich die Gl. (1.1) und (1.2).

$$\nabla \times \underline{\mathbf{H}} = j\omega \underline{\mathbf{D}} + \underline{\mathbf{J}}, \tag{1.25}$$

$$\nabla \times \underline{\mathbf{E}} = -j\omega \underline{\mathbf{B}}. \tag{1.26}$$

Für die im Allgemeinen inhomogenen Medien mit komplexen dielektrischen Permittivitätskoeffizienten und komplexen magnetischen Permeabilitätskoeffizienten können die Beziehungen zwischen dem elektrischen Feld, dem magnetischen Feld, der dielektrischen Verschiebung und der magnetischen Flussdichte wie folgt beschrieben werden

$$\underline{\mathbf{D}}(\mathbf{r}, \omega) = (\varepsilon'(\omega) - j\varepsilon''(\omega))\underline{\mathbf{E}}(\mathbf{r}, \omega), \tag{1.27}$$

$$\underline{\mathbf{B}}(\mathbf{r}, \omega) = (\mu'(\omega) - j\mu''(\omega))\underline{\mathbf{H}}(\mathbf{r}, \omega). \tag{1.28}$$

Während die Realteile der sogenannten Dispersion entsprechen, entsprechen die Imaginärteile den durch Absorptionen verursachten Verlusten. Unter Dispersion versteht man die frequenzabhängigen Eigenschaften, also unterschiedliche Wellenausbreitungsgeschwindigkeiten bei den unterschiedlichen Wellenlängen. Diese Beziehungen werden durch das sogenannte Debye-Dispersionsmodell beschrieben, das die verzögerte Reaktion der molekularen

Dipole auf die angelegten Quellen beschreibt. Siehe zum Beispiel [4] mit der Relaxations-zeit τ, die die Verzögerung des molekularen Dipols als Reaktion auf das Anregungsfeld beschreibt.

$$\frac{\varepsilon'(\omega)}{\varepsilon_0} = \varepsilon_r(\omega) = \varepsilon_r(\infty) + \frac{\varepsilon_r(0) - \varepsilon_r(\infty)}{1 + (\omega\tau)^2}, \tag{1.29}$$

$$\frac{\varepsilon''(\omega)}{\varepsilon_0} = \omega\tau \frac{\varepsilon_r(0) - \varepsilon_r(\infty)}{1 + (\omega\tau)^2}. \tag{1.30}$$

Zusätzlich wird die Phasenverschiebung zwischen **D** und **E** durch den Absorptionsverlust verursacht. Unter Berücksichtigung des Absorptionsverlusts des dielektrischen Mediums und des ohmschen Verlusts, der durch die begrenzte Leitfähigkeit κ verursacht wird, beträgt die von der Quelle erzeugte Gesamtleistung

$$-\frac{1}{2} \oint_V \underline{\mathbf{E}} \cdot \underline{\mathbf{J}}^* \cdot dV = \frac{1}{2} \oint_A \underline{\mathbf{E}} \times \underline{\mathbf{H}}^* \cdot d\mathbf{A} +$$
$$\frac{1}{2} \oint_V \kappa \mid \underline{\mathbf{E}} \mid^2 \cdot dV - \frac{1}{2} \oint_V (\underline{\mathbf{E}} \cdot \underline{\mathbf{D}}^* - \underline{\mathbf{B}} \cdot \underline{\mathbf{H}}^*) \cdot dV. \tag{1.31}$$

Der linke Term stellt die erzeugte Leistung an der Senderquelle dar, beispielsweise von einer Dipolantenne mit dem Erregerstrom einer bestimmten Trägerfrequenz f, während der erste Term der rechten Ausdrücke der Poynting-Vektor oder die abgestrahlte Leistung von dieser Antenne durch das Medium, z. B. Freiraum, ist. Der Realteil des zweiten und dritten Terms stellt den durch Absorption, Polarisationsverlust und die begrenzte Leitfähigkeit des Mediums verursachten Verlust dar, der in direktem Zusammenhang mit ε'' oder $\tan\delta$ steht.

$$\underline{\varepsilon} = \varepsilon' - j\varepsilon'' - j\frac{\kappa}{\omega} = \varepsilon'(1 - j\tan\delta), \tag{1.32}$$

$$\tan\delta = \frac{\kappa + \omega\varepsilon''}{\omega\varepsilon'}. \tag{1.33}$$

Für homogene, zeitinvariante Medien (grad $\varepsilon = 0$), d. h. freien Raum in den relevantes-ten Fällen von Antennenausbreitungsproblemen, erhalten wir die vereinfachten Helmholtz-Gleichungen unter Verwendung der komplexen dielektrischen Permittivität

$$\nabla^2\underline{\mathbf{E}} + \omega^2\mu\underline{\varepsilon}\mathbf{E} = 0, \tag{1.34}$$

$$\nabla^2\underline{\mathbf{H}} + \omega^2\mu\underline{\varepsilon}\mathbf{H} = 0, \tag{1.35}$$

$$\underline{\varepsilon} = \varepsilon\left(1 + \frac{\kappa + \omega\varepsilon''}{j\omega\varepsilon'}\right), \tag{1.36}$$

mit der Definition der Wellenausbreitungsgeschwindigkeit v, wobei v die Freiraumge-schwindigkeit des Lichts ist, wenn das Medium im einfachsten Fall Vakuum ist ($\mu = \mu_0$, $\varepsilon = \varepsilon_0$).

In vielen Situationen müssen inhomogene Medien berücksichtigt werden. Beispielsweise unterliegen elektromagnetische Wellen im optischen Frequenzbereich einer Amplitudenszintillation aufgrund der dynamischen Brechungsindexszintillation durch atmosphärische Turbulenzen oder einer Phasenszintillation während der Ausbreitung durch ein Plasma. Im ersten Fall wird die Ausbreitung des optischen Laserstrahls gestört [6], was zu Strahlstreuung und Strahlwanderung führt, während im zweiten Fall die Hochfrequenzwellen eine Phasenverschiebung [7] erfahren. Es sei darauf hingewiesen, dass diese speziellen Anwendungen in diesem Buch nicht behandelt werden. Stattdessen möchten wir die allgemeinsten Fälle von Ausbreitungsszenarien von Freiraumantennen behandeln. Wir definieren die sogenannte Kreiswellenzahl k

$$k = \omega\sqrt{\mu\varepsilon} = \frac{\omega}{v}. \tag{1.37}$$

Dieser einfachste und gleichzeitig auch wichtigste Fall ist die drahtlose Kommunikation im Vakuum ($\mu_r = 1, \varepsilon_r = 1, v = c$), der in den folgenden Kapiteln dieses Buches ausführlich behandelt wird.

Bei homogenen, anisotropen, dielektrischen Medien werden die unabhängigen Permittivitätskoeffizienten in bestimmten Medien, beispielsweise Kristallen, Halbleitern usw. von der Orientierung abhängen. In diesem Fall müssen die dielektrischen Permittivitätskoeffizienten mithilfe einer Tensormatrix beschrieben werden. Eine ähnliche Tensormatrix gilt für das anisotrope magnetische Medium. Für inhomogene dielektrische, isotrope, nichtmagnetische und verlustfreie Medien könnten die Feldkomponenten der elektromagnetischen Wellen durch die Maxwellschen Gleichungen vollständig beschrieben werden, im Allgemeinen abhängig von den Permittivitäts- und Permeabilitätsparametern. Diese Differentialgleichungen können allgemein mit numerischen Methoden gelöst werden. In einigen Fällen kann das inhomogene Medium in mehrere homogene Medien aufgeteilt werden. Auf diese Weise können die Differentialgleichungen in jedem Bereich mithilfe analytischer Methoden gelöst werden, beispielsweise im Fall einer Glasfaser bzw. des dielektrischen Stufenindex-Lichtwellenleiters, bestehend aus Kern und Mantel [2].

Betrachtet man ein homogenes Medium (ε = konstant oder $\nabla\varepsilon = 0$), beispielsweise das Vakuum, was bei Antennenproblemen der Fall ist, können die Differentialgleichungen zu den sogenannten Helmholtz-Gleichungen mit der Amplitude E des elektrischen Feldes $\mathbf{E}$ und dem Einheitsvektor der Polarisationsebene $\mathbf{u}$ mit

$$\mathbf{u} = x \cdot \mathbf{u_x} + y \cdot \mathbf{u_y} + z \cdot \mathbf{u_z}, \tag{1.38}$$

$$\nabla^2 E = \frac{\partial^2 E}{\partial x^2} + \frac{\partial^2 E}{\partial y^2} + \frac{\partial^2 E}{\partial z^2} = \mu\varepsilon\frac{\partial^2 E}{\partial t^2} \tag{1.39}$$

in kartesischen Koordinatensystemen (x, y, z) vereinfacht werden. So können die Differentialgleichungen in Zylinderkoordinatensystemen (r, ϕ, z) angegeben werden als

$$\nabla^2 E = \frac{1}{\rho}\frac{\partial}{\partial\rho}\left(\rho\frac{\partial E}{\partial\rho}\right) + \frac{1}{\rho^2}\frac{\partial^2 E}{\partial\phi^2} + \frac{\partial^2 E}{\partial z^2} = \mu\varepsilon\frac{\partial^2 E}{\partial t^2} \tag{1.40}$$

oder in sphärischen Koordinatensystemen (r, θ, ϕ), abhängig von den untersuchten Antennenproblemen als

$$\nabla^2 E = \frac{1}{r^2} \frac{\partial}{\partial r} \left(r^2 \frac{\partial E}{\partial r} \right) + \frac{1}{r^2 \sin \phi} \frac{\partial}{\partial \theta} \left(\sin \theta \frac{\partial E}{\partial \theta} \right) + \frac{1}{r^2 \sin^2 \theta} \frac{\partial^2 E}{\partial \phi^2} = \mu \varepsilon \frac{\partial^2 E}{\partial t^2}. \quad (1.41)$$

Entsprechend können wir die Helmholtz-Gleichungen für die Magnetfelder für den homogenen freien Raum im kartesischen Koordinatensystem, Zylinderkoordinatensystem und Kugelkoordinatensystem ableiten

$$\nabla^2 H = \frac{\partial^2 H}{\partial x^2} + \frac{\partial^2 H}{\partial y^2} + \frac{\partial^2 H}{\partial z^2} = \mu \varepsilon \frac{\partial^2 H}{\partial t^2}, \quad (1.42)$$

$$\nabla^2 H = \frac{1}{\rho} \frac{\partial}{\partial \rho} \left(\rho \frac{\partial H}{\partial \rho} \right) + \frac{1}{\rho^2} \frac{\partial^2 H}{\partial \phi^2} + \frac{\partial^2 H}{\partial z^2} = \mu \varepsilon \frac{\partial^2 H}{\partial t^2}, \quad (1.43)$$

$$\nabla^2 H = \frac{1}{r^2} \frac{\partial}{\partial r} \left(r^2 \frac{\partial H}{\partial r} \right) + \frac{1}{r^2 \sin \phi} \frac{\partial}{\partial \theta} \left(\sin \theta \frac{\partial H}{\partial \theta} \right) + \frac{1}{r^2 \sin^2 \theta} \frac{\partial^2 H}{\partial \phi^2} = \mu \varepsilon \frac{\partial^2 H}{\partial t^2}. \quad (1.44)$$

Eine sehr nützliche Transformation zwischen einem sphärischen Koordinatensystem und einem kartesischen Koordinatensystem kann dabei helfen, die Vektorpotentiale, die elektrischen und magnetischen Feldkomponenten in ein anderes Koordinatensystem umzuwandeln, um einen sehr effizienten Analyseprozess zu ermöglichen

$$\begin{bmatrix} A_r \\ A_\theta \\ A_\phi \end{bmatrix} = \begin{bmatrix} \sin \theta \cos \phi & \sin \theta \sin \phi & \cos \theta \\ \cos \theta \cos \phi & \cos \theta \sin \phi & -\sin \theta \\ -\sin \phi & \cos \phi & 0 \end{bmatrix} \begin{bmatrix} A_x \\ A_y \\ A_z \end{bmatrix}. \quad (1.45)$$

In ähnlicher Weise gilt für eine extrem kleine Variation der relativen dielektrischen Permittivität von weniger als 1 %, beispielsweise im Fall eines dielektrischen Wellenleiters wie einer optischen Quarzglasfaser, die sogenannte „schwache Wellenführung" („weakly guidance"), bei der der relative Gradient der Permittivität gegen Null geht, so dass auch die Helmholtz-Gleichung mit ausreichender Genauigkeit gilt.

Der Wellenzahlvektor zeigt in die Ausbreitungsrichtung der elektromagnetischen Welle und c ist die Vakuumgeschwindigkeit des Lichts. Die entsprechende Lösung kann auf ähnliche Weise gefunden werden. Die einfachste Lösung für die Maxwellschen Gleichungen oder die Helmholtz-Gleichung könnten die sogenannten transversalen elektromagnetischen (TEM) Wellen sein. Bei einer in x-Richtung polarisierten TEM-Welle wird die Leistungsdichte, dargestellt durch den Poynting-Vektor **S**, in z-Richtung transportiert

$$\mathbf{E}(\mathbf{r}, t) = E(\mathbf{r}, t) \cdot \mathbf{u_x}, \quad (1.46)$$

$$\mathbf{H}(\mathbf{r}, t) = H(\mathbf{r}, t) \cdot \mathbf{u_y}, \quad (1.47)$$

$$\mathbf{S}(\mathbf{r}, t) = | \mathbf{E}(\mathbf{r}, t) \times \mathbf{H}(\mathbf{r}, t) | \cdot \mathbf{u_z}, \quad (1.48)$$

wobei **r** ein Vektor ist, der auf die Beobachtungsposition im Raum zeigt.

Das Verhältnis zwischen dem senkrechten elektrischen und magnetischen Feld ist 120π Ω oder 377 Ω. Es ist eine Konstante und wird als charakteristische Impedanz des Mediums definiert, bei dem es sich um Luft oder ein homogenes dielektrisches Medium handeln kann. Die Helmholtz-Gleichungen gelten für das Fernfeld.

Die maßgeblichen Maxwellschen Gleichungen können zur Erklärung fast aller Wellen-ausbreitungsmechanismen verwendet werden, sowohl für die Wellenausbreitung im freien Raum als auch für Antennenprobleme und optische Wellenleiter.

Literatur

1. R. E. Collin, F. J. Zucker: Antenna Theory, Part 1. McGraw-Hill Book Company (1969).
2. H.-G. Unger: Planar Optical Waveguides and Fibres. Oxford Clarendon Press (1977).
3. C. A. Balanis: Antenna Theory. John Wiley & Sons, Inc. Fourth Edition (2016).
4. K. W. Kark: Antennas and Radiation Fields (in German: Antennen und Strahlungsfelder). Springer Vieweg (2018).
5. S.-P. Chen: Fundamentals of Information and Communication Technologies. Cambridge Scholars Publishing (2020).
6. S.-P. Chen: Investigations of free space and deep space optical communication scenarios. CEAS Space Journal, Springer Nature (2021).
7. S.-P. Chen, J. Villalvilla: Comparison of Modified Woo's Solar Phase Scintillation Model with ESA's BepiColombo Superior Solar Conjunction Measurement Data for X-Band and Ka-Band. CEAS Space Journal, Springer Nature (2022).

Antennenprobleme, Freiraumfunkwellen und optische Wellen, Mehrwegeausbreitung oder Streuprobleme können mit den Maxwellschen Gleichungen, die im letzten Kapitel behandelt werden, betrachtet werden. Allgemein wird eine Sendeantenne durch veränderliche Stromdichte $\underline{\mathbf{J}}$ angeregt. Diese Stromdichte erzeugt eine Welle, die in eine definierte Richtung abgestrahlt wird und so eine Information vom Sender zu einem Empfänger übertragen kann. Unter Berücksichtigung der Stromdichteverteilung von verschiedenen Strahlertypen, wie Dipolen, Flächenstrahlern und Hörnern, wird das Vektorpotential $\underline{\mathbf{A}}(\mathbf{r}, t)$ verwendet, um das magnetische Feld $\underline{\mathbf{H}}$ und das elektrische Feld $\underline{\mathbf{E}}$ in einem Beobachtungspunkt $\mathbf{r}$, in einem definierten Abstand von der Quelle $\mathbf{r}'$, zu ermitteln.

$$\underline{\mathbf{A}}(\mathbf{r}) = \int_{S'} \underline{\mathbf{J}}(\mathbf{r}') \frac{e^{-\mathrm{j}k|\mathbf{r}-\mathbf{r}'|}}{4\pi \mid \mathbf{r} - \mathbf{r}' \mid} \mathrm{d}S', \tag{2.1}$$

$$\underline{\mathbf{H}} = \nabla \times \underline{\mathbf{A}}, \tag{2.2}$$

$$\underline{\mathbf{E}} = \frac{1}{\mathrm{j}\omega\varepsilon_0}\nabla \times \underline{\mathbf{H}} = \frac{1}{\mathrm{j}\omega\varepsilon_0}(\mathrm{grad\ div}\underline{\mathbf{A}} + k^2\underline{\mathbf{A}}). \tag{2.3}$$

Typische und häufig verwendete Antennentypen (Abb. 2.1) mit besonderen Strahlungseigenschaften sind:

- Theoretischer, hypothetischer isotroper Strahler
- Dipolantenne
- Patchantenne
- Hornstrahler
- Helixantenne
- Parabolantenne

© Der/die Herausgeber bzw. der/die Autor(en), exklusiv lizenziert an Springer Nature Switzerland AG 2024
S.-P. Chen und H. Schmiedel, *Phasengesteuerte Antennen- Gruppenstrahler*,
https://doi.org/10.1007/978-3-031-56830-5_2

- Cassegrain-Antenne
- Schlitzantenne usw.

Die Leistung und Eigenschaften der verschiedenen Antennentypen werden durch den Antennengewinn g charakterisiert, der die Erhöhung der Leistungsdichte in der gewünschten Richtung des Antennenstrahls im Vergleich zum isotropen Strahler (dBi) beschreibt. Die isotrope Antenne strahlt in alle Richtungen mit gleicher Leistungsdichte. Es ist ein sehr nützliches, theoretisches, hypothetisches Modell. Je höher der Gewinn, desto schmaler wird der Antennenstrahl. Der Anstieg der Leistungsdichte in die gewünschte Richtung hängt mit der Abnahme der abgestrahlten Leistungsdichte in andere, unerwünschte Richtungen zusammen. Die gesamte abgestrahlte Leistung bleibt konstant. Als Referenz gilt die hypothetische isotrope Antenne.

Die Strahlungseigenschaften einer Antenne lassen sich durch die sogenannte Richtwirkung beschreiben

$$D(r) = \frac{S(r, \theta, \phi)_{max}}{S_{r.\theta.\phi}}. \tag{2.4}$$

Da die Strahlungsfeldverteilungen im Nahfeld und im Fernfeld nicht exakt gleich sind, variiert $D(r)$ je nach Entfernung zwischen Antennenquelle und Beobachtungspunkt geringfügig. Für das Fernfeld mit $r \gg R_2$ ist die Richtwirkung dieselbe wie für r [4]

$$D = \frac{S(\theta, \phi)_{max}}{< S_{\theta.\phi} >}, \tag{2.5}$$

$$< S_{\theta,\phi} > = \frac{P_t}{4\pi r^2} \tag{2.6}$$

mit P_t als Sendeleistung der Quelle oder des Generators und P_r als Strahlungsleistung der Antenne, $S(\theta, \phi)_{max}$ als maximaler Leistungsdichte und $< S_{\theta.\phi} >$ als Leistungsdichte des isotropen Strahlers. Daher ist die Richtwirkung der Antenne

$$D = 4\pi r^2 \frac{S(\theta, \phi)_{max}}{P_r}. \tag{2.7}$$

Die oben genannten Beziehungen berücksichtigen nicht a) Reflexionen, die durch eine mögliche nicht perfekte Anpassung der Quelle, der konischen Wellenleiter und der Antennenelemente verursacht werden, b) Leiter- und c) dielektrische Verluste. Diese Effekte können im Allgemeinen durch einen Effizienzkoeffizienten η berücksichtigt werden, der das Verhältnis der effektiv abgestrahlten Leistung P_r und der Quellengeneratorleistung P_t einschließlich der Leistungsverluste P_l darstellt, um den Antennengewinn zu berechnen G

$$\eta = \frac{P_r}{P_t} = \frac{P_r}{P_r + P_l}, \tag{2.8}$$

$$G = \eta D = 4\pi r^2 \frac{S(\theta, \phi)_{max}}{P_t}. \tag{2.9}$$

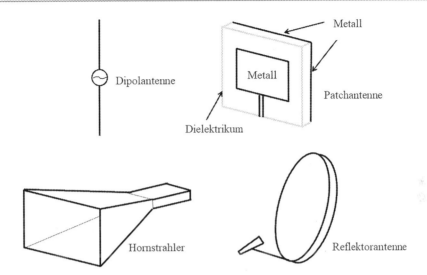

Abb. 2.1 Häufig verwendete Antennen

Der Antennengewinn wird normalerweise in dBi, bezogen auf den isotropen Strahler, ausgedrückt

$$g = 10 \cdot \log_{10}(G) \text{ in dBi.} \qquad (2.10)$$

In Abb. 2.1 und Tab. 2.1 sind die Strahlungseigenschaften typischer oder häufig verwendeter Antennen zusammengefasst, die in diesem Buch für die Diskussion der Strahlformung von Antennen-Gruppenstrahlern verwendet werden.

Tab. 2.1 Typische Antenneneigenschaften

Typ	Polarisation	Gewinn
Isotrope Antenne		0 dBi
Dipolantenne	Linear	1,5–2,3 dBi
Patchantenne	Linear, zirkular	7–10 dBi
Hornstrahler	Linear	20 dBi
Helixantenne	Zirkular	10–18 dBi
Parabol-Antenne oder Cassegrain-Antenne	Linear, zirkular	20–70 dBi

2.1   Isotroper Strahler

Ein isotroper Strahler ist eine theoretische oder hypothetische Antenne, die gleichmäßig in alle Richtungen strahlt. Der Betrag des Poynting-Vektors oder der Leistungsdichte $\mathbf{S}$ in einem bestimmten Abstand $\mathbf{r}$ ist konstant

$$\left| \frac{S(r, \theta, \phi)}{S_{max}} \right| = 1. \tag{2.11}$$

Der isotrope Strahler wird als Referenz verwendet, um die Richtwirkungen verschiedener anderer Antennen zu vergleichen. Die verbesserte Richtwirkung in eine bestimmte Richtung im Vergleich zum isotropen Strahler wird auch Antennengewinn G > 1 genannt (offensichtlich beträgt der Gewinn des isotropen Strahlers dann G = 1 oder g = 0 dBi). In Bezug auf logarithmische dB-Werte beträgt der Gewinn einer allgemein gerichteten Antenne g > 0 dBi.

2.2   Dipolantenne

Eine perfekte Dipolantenne ist ein unendlich dünner Draht (Durchmesser $d \ll \lambda$) entlang der z-Achse, der beispielsweise an einem beliebigen Punkt (r', θ, ϕ) des sphärischen Koordinatensystems im Zentrum des Koordinatensystems positioniert ist (Abb. 2.2). Das Flächenintegral des Vektorpotentials (2.1) wird zu einem Linienintegral mit einem Quellenstrom $\mathbf{I} = I_0 \cdot \mathbf{u}_z$ (siehe zum Beispiel [3, 4])

$$\underline{\mathbf{A}}(\mathbf{r}) = \int_{l'} \mu \underline{\mathbf{I}}(\mathbf{r}') \frac{e^{-jk|\mathbf{r}-\mathbf{r}'|}}{4\pi \mid \mathbf{r} - \mathbf{r}' \mid} dl' = \int_{-l/2}^{l/2} \mu \underline{\mathbf{I}}(\mathbf{r}') \frac{e^{-jk|\mathbf{r}-\mathbf{r}'|}}{4\pi \mid \mathbf{r} - \mathbf{r}' \mid} dl'$$
$$= \mathbf{u}_z \, \mu I_0 \frac{e^{-jk|\mathbf{r}-\mathbf{r}'|}}{4\pi \mid \mathbf{r} - \mathbf{r}' \mid} \int_{-l/2}^{l/2} dl' = \mathbf{u}_z \frac{\mu I_0 \, l}{4\pi \mid \mathbf{r} - \mathbf{r}' \mid} e^{-jk|\mathbf{r}-\mathbf{r}'|}. \tag{2.12}$$

$$A_r = A_z \, \cos\theta = \frac{\mu I_0 \, l}{4\pi \mid \mathbf{r} - \mathbf{r}' \mid} e^{-jk|\mathbf{r}-\mathbf{r}'|} \cos\theta, \tag{2.13}$$

$$A_\theta = -A_z \, \sin\theta = \frac{\mu I_0 \, l}{4\pi \mid \mathbf{r} - \mathbf{r}' \mid} e^{-jk|\mathbf{r}-\mathbf{r}'|} \sin\theta, \tag{2.14}$$

$$A_\phi = 0. \tag{2.15}$$

Mithilfe der Gl. (2.1)–(2.3) können die elektrischen und magnetischen Feldkomponenten allgemein berechnet werden

Abb. 2.2 Dipolantennen-
Koordinatensystem

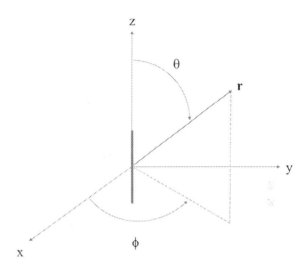

$$H_r = H_\theta = 0, \tag{2.16}$$

$$H_\phi = \frac{k\,I_0\,l\sin\theta}{4\pi\,|\,\mathbf{r}-\mathbf{r'}\,|}\cdot\left[1+\frac{1}{jk\,|\,\mathbf{r}-\mathbf{r'}\,|}\right]\cdot e^{-jk|\mathbf{r}-\mathbf{r'}|}, \tag{2.17}$$

$$E_r = \frac{\eta\,I_0\,l\cos\theta}{4\pi\,|\,\mathbf{r}-\mathbf{r'}\,|}\cdot\left[1+\frac{1}{jk\,|\,\mathbf{r}-\mathbf{r'}\,|}\right]\cdot e^{-jk|\mathbf{r}-\mathbf{r'}|}, \tag{2.18}$$

$$E_\theta = j\frac{k\,I_0\,l\sin\theta}{4\pi\,|\,\mathbf{r}-\mathbf{r'}\,|}\cdot\left[1+\frac{1}{jk\,|\,\mathbf{r}-\mathbf{r'}\,|}-\frac{1}{k^2\,|\,\mathbf{r}-\mathbf{r'}\,|^2}\right]\cdot e^{-jk|\mathbf{r}-\mathbf{r'}|}, \tag{2.19}$$

$$E_\phi = 0. \tag{2.20}$$

Abhängig von den Abständen zwischen der Antenne und dem Beobachtungspunkt d = | $\mathbf{r} - \mathbf{r'}$ | und abhängig von $k \cdot d$, verhalten sich die elektrischen und magnetischen Feldkomponenten im reaktiven Nahfeld $k \cdot d \ll 1$, Fresnel-Gebiet oder im strahlenden Nahfeld $k \cdot d > 1$, Fraunhofer-Gebiet oder Fernfeldgebiet $k \cdot d \gg 1$ unterschiedlich, da der zweite und der dritte Term der Gleichungen entweder dominieren oder verschwinden werden.

In Abb. 2.3 ist die Strahlungscharakteristik mit Matlab [7] berechnet und dargestellt, wobei der Dipol in z-Richtung ausgerichtet ist. Die Abb. 2.4 und 2.5 zeigen die sogenannten E-Ebenen- und H-Ebenen-Eigenschaften.

Abb. 2.3 Dipolantennen-
Richtdiagramm

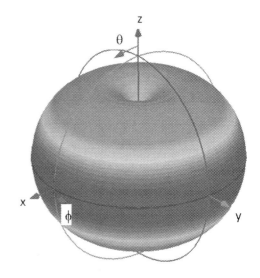

Abb. 2.4 Dipolantennen-
Richtdiagramm E-Ebene $E_\theta(\theta)$
bei $\phi = 0°$

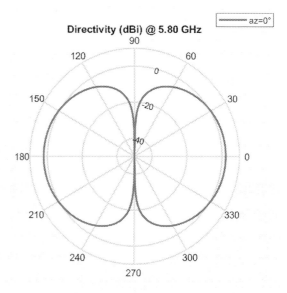

Abb. 2.5 Dipolantennen-Richtdiagramm H-Ebene $E_\theta(\phi)$ bei $\theta = 90°$ oder Elevation $0°$

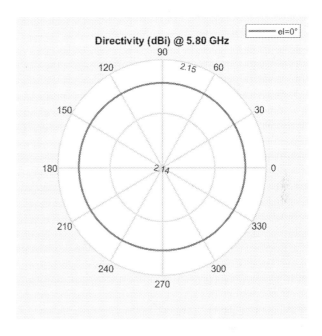

2.3 Patchantenne

Für eine Mikrostreifen-Patchantenne mit der effektiven Länge L_e, Breite w, Höhe oder Abstand h zwischen dem Mikrostreifen-Patch und der Grundebene können die abgestrahlten Felder in der E-Ebene berechnet werden durch

$$E_\phi(\phi) = j\frac{k_0\, w\, h\, E_0\, e^{-jk_0|\mathbf{r}-\mathbf{r}'|}}{\pi\,|\,\mathbf{r}-\mathbf{r}'\,|} \cdot \left[\frac{\sin(\frac{k_0\,h}{2}\cos\phi)}{\frac{k_0\,h}{2}\cos\phi}\right] \cdot \cos(\frac{k_0\,L_e}{2}\sin\phi) \qquad (2.21)$$

und in der H-Ebene durch

$$E_\phi(\theta) = j\frac{k_0\, w\, h\, E_0\, e^{-jk_0|\mathbf{r}-\mathbf{r}'|}}{\pi\,|\,\mathbf{r}-\mathbf{r}'\,|} \cdot \left[\frac{\sin(\frac{k_0\,h}{2}\sin\theta)}{\frac{k_0\,h}{2}\sin\theta}\frac{\sin(\frac{k_0\,w}{2}\cos\theta)}{\frac{k_0\,w}{2}\cos\theta}\right] \cdot \sin(\theta). \qquad (2.22)$$

Da das Koordinatensystem vor der Ableitung der Maxwellschen Gleichungen genau definiert werden muss, werden die Koordinatensysteme für die Mikrostreifen-Patchantenne in Abb. 2.6 definiert, ähnlich wie in [3] (Abb. 2.7, 2.8 und 2.9).

Abb. 2.6 Patchantennen-
Koordinatensystem

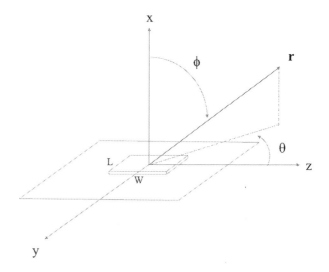

Abb. 2.7 Strahlungscharakteristik
der Patchantenne

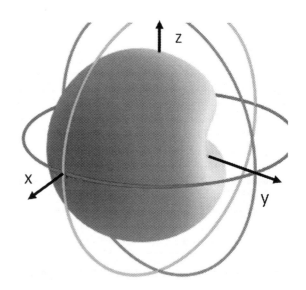

Abb. 2.8 Mikrostreifen-
Patchantenne. E-Ebene $E_\theta(\phi)$
bei $\theta = 90°$

Abb. 2.9 Mikrostreifen-
Patchantenne. H-Ebene $E_\theta(\theta)$
bei $\theta = 0°$

2.4   Hornstrahler

Auch wenn für die Gruppenstrahler-Diskussionen in diesem Buch hauptsächlich Dipolanten-nenelemente und Mikrostreifen-Patchantennenelemente verwendet werden, möchten wir als weiteren wichtigen Antennentyp einen Hornstrahler erwähnen, der direkt als Strahler oder in Kombination als Antennenspeisung mit einer Reflektorantenne oder einer Cassegrain-Antenne verwendet werden kann (siehe zum Beispiel [3]). Satellitenfernsehempfänger verwenden typischerweise parabolische Reflektorantennen.

Auch werden Reflektorantennen für die Weltraumtelekommunikation eingesetzt. Insbesondere durch die Verwendung einer großen parabolischen Apertur als Reflektor kann ein extrem großer Antennengewinn von bis zu 70 dBi erreicht werden, wodurch der Hornstrahlergewinn von 20 dBi um etwa 50 dB verbessert wird. Dies ist sehr wichtig für Telekommunikationsanwendungen im Weltraum, bei denen das Hochfrequenzsignal während der Übertragung über einige astronomische Einheiten stark gedämpft wird. 1 AE (astronomische Einheit) entspricht etwa 150.000.000 km.

Abstrahlcharakteristik, Antennenrichtwirkung bzw. Antennengewinn hängen von den geometrischen Abmessungen des Hornstrahlers ab. Ein typisches Strahlungsmuster ist in Abb. 2.10 dargestellt. Es ist berechnet mit dem dreidimensionalen numerischen Simulationssystem CST Studio Suite [6] basierend auf der sogenannten FIT (Finite Integration Technique), entwickelt von Prof. Thomas Weiland in Darmstadt.

In Abb. 2.11 können die Ergebnisse mithilfe eines Matlab-Algorithmus [7] berechnet werden, der einen hohen Antennengewinn in Zielrichtung zeigt. In diesem Beispiel ist der Durchmesser des Parabolreflektors auf 1,2 m ausgelegt, etwa 10 λ. Durch die Verwendung

Abb. 2.10 Strahlungscharakteristik
eines Hornstrahlers

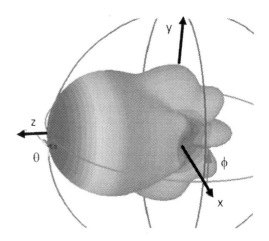

Abb. 2.11 Strahlungscharakteristik der Parabolantenne

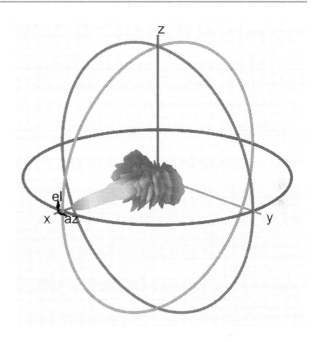

eines größeren Durchmessers des Parabolreflektors, der in der Weltraumtelekommunikation bis zu 35 m oder sogar größer sein kann, kann der Antennengewinn weiter gesteigert werden. Dies ist auch aufgrund der großen Entfernung zwischen Raumfahrzeug und Erdstation und der großen Dämpfung unabdingbar.

Literatur

1. R. E. Collin, F. J. Zucker: Antenna Theory, Part 1. McGraw-Hill Book Company (1969).
2. H.-G. Unger: Planar Optical Waveguides and Fibres. Oxford Clarendon Press (1977).
3. C. A. Balanis: Antenna Theory. John Wiley & Sons, Inc. Fourth Edition (2016).
4. K. W. Kark: Antennas and Radiation Fields (in German: Antennen und Strahlungsfelder). Springer Vieweg (2018).
5. S.-P. Chen: Fundamentals of Information and Communication Technologies. Cambridge Scholars Publishing (2020).
6. CST (Computer Simulation Technology): https://www.3ds.com/de/produkte-und-services/simulia/produkte/cst-studio-suite/student-edition/.
7. Matlab. https://www.mathworks.com/products/matlab.html

Lineare Antennen-Gruppenstrahler

3

Dieses Kapitel beginnt mit einer Einführung in phasengesteuerte Antennen, behandelt Phasenschieber und beschreibt anschließend katalogartig Simulations- und Messergebnisse der Richtcharakteristika von 1-dimensionalen, linearen Antennen-Gruppenstrahlern (auch als Gruppenantennen bezeichnet). Die Messergebnisse werden mit den Simulationen verglichen und diskutiert. Die Antennenanordnung der Simulation und des praktischen Aufbaus bestehen aus einer linearen Reihe von 8 Patchantennen auf der Sendeseite und einer identischen, einzelnen Patchantenne auf der entfernten Empfangsseite. Es geht dabei auch um die Verifizierung der Simulationsergebnisse, die dann verallgemeinert werden können. Bei der Simulation handelt es sich um eine analytische Methode, sowohl für das Fernfeld als auch für das Nahfeld. Beim praktischen Aufbau werden die Einstellungen der individuellen Phasen und Amplituden mit einer speziellen Control Matrix vorgenommen. Für die Phaseneinstellungen müssen natürlich auch die individuellen Phasenverschiebungen der Zuleitungen berücksichtigt werden. Als Schwenkwinkel der Hauptstrahlrichtung werden $\pm 0°$, $\pm 15°$ und $\pm 30°$ betrachtet. Die Amplitudenwichtung wird mit homogener, binomischer und Tschebycheff-Verteilung durchgeführt. Die Messungen bestätigen die Simulationen.

In diesem Kapitel werden also sowohl Simulationsergebnisse [1, 2] und Messergebnisse für die Nah- und Fernfeld Richtcharakteristika eines linearen Antennen-Gruppenstrahlers, bestehend aus 8 Mikrostreifen-Patchantennen, bei einer ISM-Frequenz von 5,8 GHz gezeigt. Die Freiraumwellenlänge ist entsprechend $\lambda = 0,052$ m. Antennen-Gruppenstrahler finden zahlreiche Anwendungen, wie z. B. in der Mobilkommunikation, bei Radaranwendungen, in der Medizin, in der Sensorik, bei bildgebenden Verfahren oder in der Radioastronomie, um eine rasche und präzise Strahlformung zu ermöglichen [3–12]. In einigen Fällen arbeiten diese Systeme auch im Nahfeld. Für Fernfeldmessungen ist die Fernfeldnäherung ausreichend genau, sofern der Fernfeldabstand eingehalten wird, der von der Größe der Antennengruppe abhängt [3–8]. Die Kopplung benachbarter Antennenelemente kann in unserem Fall

© Der/die Herausgeber bzw. der/die Autor(en), exklusiv lizenziert an Springer Nature   21
Switzerland AG 2024
S.-P. Chen und H. Schmiedel, *Phasengesteuerte Antennen- Gruppenstrahler*,
https://doi.org/10.1007/978-3-031-56830-5_3

vernachlässigt werden, da die Abstrahlung der Microstrip-Patches in Richtung der benachbarten Patches gering ist. Die Patch-Antennenelemente sind im Abstand $\lambda/2$ angeordnet.
Fernfeld- und Nahfeld-Entfernungen werden üblicherweise mit

$$d_R = \frac{2D^2}{\lambda} \tag{3.1}$$

unterschieden, dabei ist der Fernfeldabstand $d > d_R$. d_R wird auch als Rayleigh Entfernung
bezeichnet. Die größte Abmessung der Antennenanordnung ist dabei D, die Freiraumwellenlänge wird wieder mit λ bezeichnet. Um allgemein konforme Antennen-Gruppenstrahler
zu untersuchen, beginnen wir zunächst mit dem einfachsten Fall des 1-dimensionalen linearen Antennen-Gruppenstrahlers. Dabei wird das lizenzfreie ISM Band mit einer Frequenz
von 5,8 GHz, sowohl für die Simulationen, als auch die Messungen, gewählt. Auf der Sendeseite werden 8 Mikrostreifen-Patchantennen in einer Reihe nebeneinander angeordnet.
Diese sind alle vertikal polarisiert. Auf der gegenüberliegenden Empfängerseite wird ein
identisches Patchantennenelement, ebenfalls mit vertikaler Polarisation, angeordnet. Die
Amplitudenwichtungen und Phasenverschiebungen für die einzelnen Sende-Patch-Elemente
werden mit einer Control Matrix [14] vorgenommen. Mit $M = 8$ Antennenelementen und
einem Abstand zwischen den Antennenelementen von $d_x = \lambda/2$ liegt das Nahfeld unterhalb
der Rayleigh-Entfernung von 24,5 λ oder 1,274 m. In einer Entfernung von 1,8 m oder 35
λ befinden wir uns näherungsweise im Fernfeld. Die Nahfelduntersuchungen werden mit
einer Entfernung von 5,6 λ oder 10 λ durchgeführt.

3.1   Einführung in phasengesteuerte Antennen-Gruppenstrahler

Phasengesteuerte Antennen-Gruppenstrahler (oder auch phasengesteuerte Gruppenantennen) bestehen aus mehreren Antennenelementen, siehe Kap. 2. Um Strahlschwenkung und
Strahlformung durchzuführen, werden die einzelnen Antennenelemente sowohl mit individueller Phase als auch individueller Amplitude angesteuert. Um das Verfahren der Strahlschwenkung zu erläutern, betrachten wir die folgende Anordnung. Abb. 3.1 beschreibt die
Wirkungsweise für das Fernfeld, Abb. 3.2 für das Nahfeld.

Wir definieren ein x-y-Koordinatensystem, siehe Abb. 3.1. Die einzelnen Antennenelemente, die mit 1–8 durchnummeriert sind, befinden sich auf der x-Achse, an den Stellen
$x_1 - x_8$. Diese Elemente sollen nun derart phasengesteuert werden, dass ein Hauptstrahl
entsteht, der in die gewünschte Richtung zeigt. Die Richtung des gewünschten Hauptstrahls
ist mit ϕ_0 angegeben. Dieser Winkel bezieht sich auf die y-Achse. Das Ziel besteht nun
darin, dass die elektrischen Felder aller Antennenelemente in einem Punkt im Fernfeld
identische Phase haben, so dass sich alle Felder konstruktiv überlagern. Damit wird das
Feld maximal und man erhält den höchsten Antennengewinn in diese Richtung. In Abb. 3.1
sehen wir, dass das Signal des Elements 2 an der Stelle x_2 offensichtlich früher im fernen
Punkt ankommt als das Signal von Element 1 an der Stelle x_1. Der zeitliche Unterschied ist

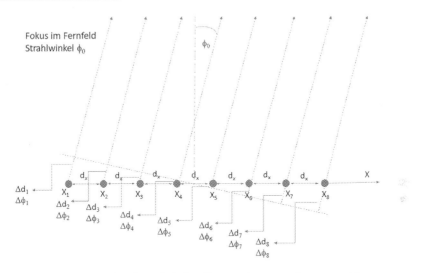

Abb. 3.1 Fernfeldbetrachtung für einen einfachen linearen Antennen-Gruppenstrahler

$\Delta/v = (\Delta d_1 - \Delta d_2)/v$, dabei ist v die Geschwindigkeit der elektromagnetischen Welle. Δ ist der Wegunterschied bezüglich benachbarter Antennenelemente. Zum Beispiel ist das Signal vom Antennenelement 5, bei x_5, $4\Delta/v$ früher als das Signal vom Antennenelement 1. Diese zeitlichen Differenzen können auch als Phasendifferenzen $\Delta\phi$ ausgedrückt werden (dabei entspricht eine Periode T, 360° in Grad, oder 2π in Radian). Um dieselben Phasen im Fernfeld zu erzeugen, müssen die Laufzeitunterschiede 0, Δ/v ...$7\Delta/v$ kompensiert werden. Antennenelement 1 wird als Referenz verwendet. Mit ansteigendem Index i, sind die Antennenelemente näher am Fernfeldpunkt. Entsprechend muss deren Signal verzögert werden. Hierzu kann man individuell eine zeitliche Verzögerung verwenden oder man stellt individuell die Phasen für die einzelnen Antennenelemente ein. Dies gilt streng genommen nur für eine einzelne Frequenz, lässt sich aber auch für ein schmales Nutzfrequenzband verwenden. Die Bandbreite eines Signals ist meist wesentlich kleiner als die Betriebsfrequenz. Einer Verzögerung im Zeitbereich entspricht jetzt eine negative Phasendifferenz.

Mit Trigonometrie gilt

$$\sin(-\phi_0) = \Delta/d_x, \tag{3.2}$$

dabei ist d_x der Abstand zwischen den Mittelpunkten der Antennenelemente. Typischerweise wird d_x zu $d_x = \lambda/2$ gewählt. (Bemerkung: für $d_x > \lambda/2$ ist das Nyquist-Shannon-Theorem der Fourier Transformation verletzt, es entstehen dann Mehrdeutigkeiten, in diesem Fall Nebenkeulen, siehe auch Abschn. 3.3.). Es gilt daher

$$\Delta = \lambda/2 \cdot \sin(-\phi_0). \tag{3.3}$$

Tab. 3.1 Erforderliche Phasenverschiebungen für einen Schwenkwinkel von 30° mit dem Aufpunkt im Fernfeld

Antennenelement	Phasenverschiebung in Radian	Phasenverschiebung in Grad
1	5,512	315°
2	3,934	225°
3	2,359	135°
4	0,786	45°
5	−0,785	−45°
6	−2,354	−135°
7	−3,920	−225°
8	−5,483	−315°

Allgemein kann die Referenzphase beliebig gewählt werden. Entscheidend sind die Phasenunterschiede zwischen den Antennenelementen.

Nehmen wir an, dass die Referenzphase im Element im Mittelpunkt der 1×8 Antennen-Anordnung $\phi_{ref} = 0°$ liegt. Die Phasen der anderen Antennen mit dem Index i können dann zu

$$\Delta\phi_i = (i - 9/2) \cdot \frac{\Delta d_i}{\lambda} \cdot 360°. \qquad (3.4)$$

berechnet werden oder auch

$$\Delta\phi_i = (i - 4.5) \cdot \sin(-\phi_0) \cdot 180°. \qquad (3.5)$$

Als Beispiel soll der gewünschte Schwenkwinkel $\phi_0 = 30°$ betragen. Der Abstand zwischen den Antennenelementen sei $\lambda/2$. Damit ergeben sich die erforderlichen Phasen für die einzelnen Antennenelemente nach Tab. 3.1. Für einen Abstrahlwinkel von $\phi_0 = -30°$ müssen die Phasen jeweils das umgekehrte Vorzeichen erhalten.

Im Falle, dass der Empfangspunkt oder Aufpunkt im Nahfeld liegt, auch Nahfeldfokussierung genannt, ist die beschriebene Fernfeldannahme natürlich nicht mehr zutreffend, siehe Abb. 3.2. Dann müssen, für einen gewünschten Strahlschwenkwinkel ϕ_0, die Entfernungen Δd_i (i = 1, 2, 3, …, 8), bzw. die Phasenverschiebungen $\Delta\phi_i$ individuell ermittelt werden. Dabei werden die tatsächlichen Entfernungen zum Aufpunkt, oder auch Fokus genannt, der im Nahfeld liegt, angesetzt. Aus diesen werden die einzelnen zeitlichen Verzögerungen und aus diesen wiederum die einzelnen erforderlichen Phasenverschiebungen ermittelt. Für einen Abstand von $10\,\lambda$ mit einem Schwenkwinkel von 30° ergeben sich die erforderlichen Phasenverschiebungen nach Tab. 3.2.

Tab. 3.2 Erforderliche Phasenverschiebungen für einen Schwenkwinkel von 30° mit dem Aufpunkt im Nahfeld bei d = 10 λ

Antennenelement	Phasenverschiebung in Radian	Phasenverschiebung in Grad
1	6,158	353°
2	4,273	245°
3	2,484	142°
4	0,800	46°
5	−0,770	−44°
6	−2,219	−127°
7	−3,526	−203°
8	−4,712	−270°

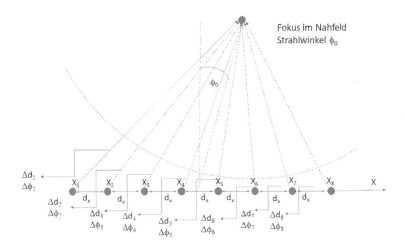

Abb. 3.2 Nahfeldbetrachtung für einen einfachen linearen Antennen-Gruppenstrahler

3.2 Phasensteuerung

Um eine definierte Strahlschwenkung zu erreichen, ist es, wie schon zuvor erwähnt, erforderlich, alle Phasen der einzelnen Antennenelemente entsprechend einzustellen. Zusätzlich müssen für eine gewünschte Strahlformung alle Amplituden geeignet eingestellt werden. Phaseneinstellung bedeutet, dass die, von den verschiedenen Antennenelementen kommenden, elektromagnetischen Wellen gleichphasig oder kohärent in einem definierten Aufpunkt im Raum eintreffen.

Umgekehrt gilt die gleiche Forderung, falls ein Signal von einem Antennen-Gruppen-strahler empfangen werden soll. Wegen der Reziprozität für Sende- und Empfangsantennen, ergeben sich dieselben individuellen Phasenverschiebungen für alle Antennenelemente für Sende- und Empfangsbetrieb. Bei fast allen Kommunikationssystemen werden Sender und Empfänger benötigt. Für beide müssen alle individuellen Phasen eingestellt werden.

Dies kann in der Hochfrequenz (RF)-Ebene erfolgen. Dazu werden analoge RF-Phasen-schieber und einstellbare RF-Leistungsteiler oder auch Abschwächer für die Amplituden-einstellungen benötigt. Alternativ kann die Einstellung auch in einer Zwischenfrequenz (IF)-Ebene, vorzugsweise in digitaler Technik erfolgen. Zu dieser Alternative kehren wir zurück, nachdem wir die Problemstellung in der RF-Ebene diskutiert haben.

Typischerweise werden RF-Leistungsverstärker benötigt, um die RF-Signale zu senden. Bei mehreren Antennenelementen kann jedes Element seinen eigenen Verstärker mit mitt-lerer Leistung oder geringer Leistung, je nach Anzahl der Elemente, haben. Ebenso können passive Leistungsteiler, Phasenschieber und Abschwächer benutzt werden.

Zum Empfang werden ebenfalls Verstärker benötigt. In diesem Fall wird es sich um rauscharme Vorverstärker (LNA) handeln. Alle diese Verstärker haben unvermeidliche Phasen- und Amplitudenschwankungen. Viele der kritischen Parameter sind temperatu-rabhängig und können Langzeitdrift aufweisen. Deshalb müssen die Antennenelemente, Verstärker, Phasenschieber, Abschwächer und Leistungsteiler für die Anwendung in pha-sengesteuerten Antennen-Gruppenstrahlern sorgfältig kalibriert werden.

Typischerweise werden alle RF-Kommunikationssignale ohnehin auf eine niedrigere Zwischenfrequenz oder letztendlich in das Basisband heruntergesetzt. Der umgekehrte Pro-zess wird natürlich benötigt, um ein Signal aus dem Basisband in die RF-Ebene umzuset-zen. Das Heruntersetzen eines Signals von der RF-Ebene in die IF-Ebene wird durch einen Mischer und einen stabilen Oszillator (LO) vorgenommen. Idealerweise verhält sich ein Mischer wie ein Multiplikator, der das RF-Signal mit dem LO-Signal multipliziert. Abb. 3.3 zeigt einen solchen Mischer.

Auf der linken Eingangsseite wird das RF-Signal eingespeist. Dieses hat eine definierte Amplitude A_{RF} und eine definierte Phase ϕ_{RF}. Die Kreisfrequenz ist ω_{RF}. Hier handelt es sich natürlich um die Beschreibung für nur eine Frequenz. Für ein vollständiges Signal-band, oder Spektrum, wird dieses Spektrum aus der Überlagerung der Signale bei einzelnen

Abb. 3.3 Mischer mit RF, LO und IF Signalen

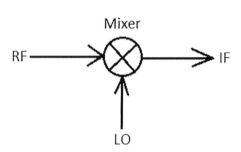

Frequenzen zusammengesetzt. Das RF-Signal kann also vereinfacht als

$$RF = A_{RF} \cdot \cos(\omega_{RF}t + \phi_{RF}). \tag{3.6}$$

dargestellt werden. Zur Vereinfachung wird hier auch auf die komplexe Darstellung verzichtet. Dieses Signal wird nun mit dem LO-Signal multipliziert. Dieses LO-Signal ist

$$LO = 1 \cdot \cos(\omega_{LO}t + \phi_{LO}) \tag{3.7}$$

dabei ist die Amplitude zu 1 normiert. Die Amplitude ist unwichtig, da ein Mischer typischerweise ein sogenannter „switched-type mixer" sein wird, in dem das LO-Signal Dioden oder Transistorelemente ein- und ausschaltet, und daher auch niedriges Amplitudenrauschen hat. In Gl. 3.7 können wir die beliebige LO-Phase ϕ_{LO} zu 0° setzen. Bei unserer Betrachtung ist es wichtig, davon auszugehen, dass die individuellen Empfangssignale aller Antennenelemente individuellen Mischern zugeführt werden, die die individuellen IF-Signale erzeugen. Selbstverständlich müssen allen Mischern auch kohärente, gleichphasige LO-Signale zugeführt werden. Für ein einzelnes Antennenelement erhalten wir somit ein IF-Signal zu IF = RF· LO, d. h.

$$IF = RF \cdot LO = A_{RF} \cdot \cos(\omega_{RF}t + \phi_{RF}) \cdot \cos(\omega_{LO}t). \tag{3.8}$$

oder

$$IF = 0.5 \cdot A_{RF} \cdot [\cos((\omega_{RF} + \omega_{LO})t + \phi_{RF}) + \cos((\omega_{RF} - \omega_{LO})t + \phi_{RF})]. \tag{3.9}$$

Mit einer Tiefpassfilterung entfernen wir die hochfrequenten Anteile

$$cos((\omega_{RF} + \omega_{LO})t + \phi_{RF}) \tag{3.10}$$

und erhalten damit das in der Frequenzebene herabgesetzte IF-Signal zu

$$IF = 0.5 \cdot A_{RF} \cdot \cos((\omega_{RF} - \omega_{LO})t + \phi_{RF}). \tag{3.11}$$

Wir sehen, dass die ursprüngliche Amplitude A_{RF} und die ursprüngliche Phase ϕ_{RF} erhalten geblieben sind und in der IF-Ebene nun zur Verfügung stehen. Wie schon erwähnt, gilt dies ebenso für ein gesamtes Spektrum. Diese wichtige Eigenschaft eines Mischers bedeutet nun, dass die Phasen- und Amplitudeneinstellung auch in der IF-Ebene erfolgen kann. Das IF-Signal ist eine identische Replika des RF-Signals. Dies ermöglicht nun eine Vielzahl von Optionen, da Phasen- und Amplitudeneinstellungen digital vorgenommen werden können. Typische Digitalsysteme sind kostengünstiger als ihre vergleichbaren Analogsysteme und weisen keine Langzeitdriftprobleme auf.

Wir haben oben den Empfangsfall betrachtet, wo das RF-Signal in eine tiefere IF-Ebene umgesetzt wurde, in der die Amplituden- und Phaseneinstellung vorgenommen wird. Mischer können selbstverständlich auch den umgekehrten Umsetzvorgang durchführen, d. h.

ein IF-Signal in eine höhere RF-Ebene umsetzen. Auch in diesem Fall können alle Phasen-
und Amplitudeneinstellungen in der IF-Ebene erfolgen und wirken sich dann wie gewünscht
in der RF-Ebene aus. Auch hier benötigt jedes Antennenelement einen eigenen Mischer und
kohärente LO-Signale zur Umsetzung.

Es sollte an dieser Stelle bemerkt werden, dass alle praktischen Messungen in diesem
Buch mit Phasen- und Amplitudeneinstellungen in der RF-Ebene erfolgen. Dazu wird die
RF Control Matrix „MiCable Control Matrix" [14] verwendet. Diese in Amplitude und
Phase kalibrierte Control Matrix wird mit einem externen Computer angesteuert.

3.3   Messaufbau und Verifikation

Idealerweise liefern Theorie, Simulation und Messungen von Antennen identische Ergebnisse. „In der Theorie gibt es keinen Unterschied zwischen Theorie und Praxis – in der Praxis
jedoch schon." (Diesen netten Satz hat schon Richard P. Feynman, allerdings in Englisch,
verwendet.) Theorie und Simulation können nur so gut sein, wie die verwendeten Modelle.
Häufig berücksichtigt ein Modell nicht alle Einflüsse, die in Wirklichkeit aber existieren. In
unserem Fall werden beispielsweise die Kopplungseffekte zwischen den Antennenelementen nicht modelliert. Auch gibt es manchmal unvorhersehbare Effekte oder auch schlicht
Fehler in der Betrachtung oder Simulation. Es geht natürlich nicht darum Theorie oder
Simulation zu diskreditieren, ganz im Gegenteil, aber Fehler passieren…Auf jeden Fall ist
es sinnvoll verifizierende praktische Messungen durchzuführen, die dann wiederum ihre
eigenen Probleme und Nebeneffekte haben, wie wir auch weiter unten sehen werden.

Um unsere Simulationsergebnisse der Strahlungscharakteristik von phasengesteuerten
Antennen-Gruppenstrahlern zu verifizieren, führten wir unsere Messungen im Mikrowellen-
Studenten-Labor des Fachbereichs Elektrotechnik und Informationstechnik der Hochschule
Darmstadt durch. Dieser vergleichsweise einfache Aufbau ist ausreichend um alle Simulationen und Ergebnisse der verschiedenen phasengesteuerten Antennen-Gruppenstrahler
zu verifizieren. Dies sollte Kolleginnen und Kollegen, Ingenieurinnen und Ingenieure
sowie Studierende ermutigen ihre eigenen, einfachen und kostengünstige Richtdiagramm-
Messungen durchzuführen, ohne dass eine aufwändige und entsprechend teure professio-
nelle Antennenmesshalle mit Absorberwänden benötigt wird.

Wir betrachten nun den Messaufbau zur Messung des Richtdiagramms des phasengesteu-
erten Antennen-Gruppenstrahlers, siehe auch Abb. 3.6. Der Signalgenerator SMP22 (Rohde
& Schwarz) wird auf 5,8 GHz eingestellt und die Ausgangsleistung auf +20 dBm. Der
Signalgenerator wird im Pulsbetrieb verwendet (später dazu mehr).

Der Ausgang des Signalgenerators speist dann die Phasen-Amplituden-Control-Matrix
(MiCable Control Matrix NT-VPAM-1x8-5.8) [14]. Diese hat 8 Ausgangskanäle. Jeder
einzelne dieser Kanäle kann individuell in Phase und Amplitude mittels eines externen
Computers eingestellt werden.

Wegen der passiven Leistungsaufteilung und der Dämpfungen der internen Phasenschieber und Abschwächer ergibt sich eine relativ hohe Grunddämpfung von ca. 25 dB. Die 8 Ausgänge werden dann mit flexiblen Koaxialkabeln mit „gleicher Länge" (später mehr dazu) den 8 Patch-Antennen des Antennen-Gruppenstrahlers zugeführt. Dies ist der Antennen-Gruppenstrahler, im Sendebetrieb, dessen Richtdiagramm gemessen werden soll.

Es werden unterschiedliche Antennen-Gruppenstrahler-Aufbauten untersucht, lineare, konkave und konvexe Gruppenstrahler. Der Abstand benachbarter Patch-Antennen ist $\lambda/2$. Die einzelnen Patch-Antennenelemente sind linear, vertikal polarisiert. Die gemessene Reflektion (S_{11}) eines Antennenelements ist geringer als -15 dB. Die gemessene Kopplung (S_{21}) zwischen zwei benachbarten Elementen ist ebenfalls geringer als -15 dB. Idealerweise sollten die Elemente nicht gekoppelt sein, da diese Kopplung nicht in dem Simulationsmodell berücksichtigt wird. Es stellt sich aber heraus, dass sowohl Reflektion als auch Kopplung ausreichend klein sind und gültige Messungen durchgeführt werden können.

Die oben erwähnten koaxialen Speiseleitungen sind spezifiziert mit 2000 mm Länge. Eine Längendifferenz von ca. 1 mm führt immerhin zu einer Phasenverschiebung von ca. 10°. Da die Phasenverzögerungen der einzelnen Speiseleitungen nicht ausreichend identisch sind, werden die individuellen Phasenverschiebungen zuvor gemessen und müssen dann anschließend bei der Einstellung der gewünschten Phase berücksichtigt werden. Ebenso sollten alle Kabel in ähnlicher Weise gebogen werden, wenn der Drehtisch aktiv ist, da der variable Biegeradius ebenfalls zu Phasenveränderungen führt.

Der zu messende Antennen-Gruppenstrahler sitzt mittig auf einem Drehtisch eines einfachen Antennenmessplatzes, siehe auch Abb. 3.4 und 3.5. Es handelt sich um das Leybold/Cassy-System, welches ursprünglich für Schüler- und Studentenexperimente entwickelt wurde. Dieses Leybold/Cassy System besteht aus dem schon erwähnten Drehtisch, der durch die Cassy-Software mittels eines externen Computers gesteuert wird. Die drehbare Antenne, in unserem Fall der Antennen-Gruppenstrahler, ist die Sendeantenne in unserem Messaufbau. Das Leybold-System liefert ein (im kHz-Bereich) gepulstes Signal, mit dem das Sendesignal gepulst wird. Synchron zu diesem Pulssignal wird auf der Empfangsseite ein DC-Chopper-Verstärker geschaltet, der das kleine Signal der Detektordiode verstärkt. Daher muss der Signalgenerator pulsmoduliert werden.

Auf der Empfangsseite befindet sich eine einzige, gleichartige Mikrostreifen-Patchantenne, ebenfalls linear, vertikal polarisiert. Um die Messdynamik auf der Empfangsseite, die durch Rauschen begrenzt ist, zu verbessern, wird die Empfindlichkeit erhöht, indem ein 5,8 GHz-Bandpassfilter direkt zwischen LNA (low noise amplifier) und Detektordiode geschaltet wird. Die NF des LNAs liegt bei ≈ 3 dB, die Verstärkung ist g ≈ 30 dB. Für die Fernfeldmessungen (d $> 35\lambda$), wird ein weiterer parabolischer Reflektor verwendet, in dessen Fokus die Patch-Antenne sitzt. Die Detektordiode am Ausgang des Verstärkers weist einem Dynamikbereich von ca. -50 dBm $- +3$ dBm auf. Das DC-Videoausgangssignal wird dem Leybold System zugeführt und dort intern Chopper-verstärkt, verarbeitet und schließlich im Cassy-System als Funktion des Sendeantennendrehwinkels angezeigt.

Die Messung niedriger Antennennebenkeulen in einem Antennenrichtdiagramm ist oft problematisch, da unerwünschte Reflexionen von der Umgebung, insbesondere von metallischen Oberflächen, die Messungen verfälschen. Um diese Effekte zu minimieren, werden Absorbermatten verwendet. Auch der Parabolempfänger unterdrückt einige dieser Reflexionen.

Alle Messungen werden mit hoher Wiederholgenauigkeit mit diesem einfachen Aufbau durchgeführt und geplotted. Diese Messungen, in nicht idealer Umgebung, bestätigen nichtsdestotrotz die Simulationen, die von idealen Bedingungen ausgehen.

Ein linearer Antennen-Gruppenstrahler ist in Abb. 3.4 und 3.5 gezeigt. Die Patchantennen befinden sich längs der x-Achse, die Polarisation parallel zur z-Achse. Das Zentrum des Antennen-Gruppenstrahlers befindet sich im Koordinatenursprung $(0, 0, 0)$. Der Patchantennen-Gruppenstrahler, welcher durch die Control Matrix angesteuert wird, ist auf der Drehachse eines Drehtisches montiert. Dieser Drehtisch wird vom Leybold/Cassy-System gesteuert, siehe Abb. 3.4 und 3.6. Der Koordinatenursprung und der Aufpunkt $F(x_F, y_F)$ definieren den gewünschten Strahlschwenkungswinkel ϕ_0.

Der Vektor $\mathbf{d_{xi}}$ zeigt vom Ursprung $(0, 0, 0)$ zum i-ten Gruppenstrahler-Element, mit dem Ursprung als der Referenzpunkt im Antennen-Gruppenstrahler. Der Vektor $\mathbf{d}$ zeigt vom Ursprung zum Aufpunkt F. Damit zeigt der Vektor $\mathbf{d_i} = \mathbf{d} - \mathbf{d_{xi}}$ vom i-ten Antennenelement zum beliebig angeordneten Aufpunkt, z. B. für d = 10 λ (Abb. 3.4). Der Schwenkwinkel ist also der Winkel auf die y-Achse bezogen, welche auch die Hauptstrahlrichtung ist, wenn keine Schwenkung vorgenommen wird. Unter Vernachlässigung der Koppeleffekte zwischen den Antennenelementen, können also alle elektrischen Felder, ausgehend von den

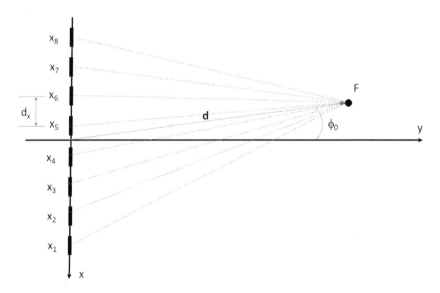

Abb. 3.4 Antennen-Gruppenstrahler mit den charakteristischen geometrischen Parametern

Abb. 3.5 Messaufbau, 5,8 GHz 1 × 8 Patchantennen-Gruppenstrahler als Sender und eine einzelne Patchantenne als Empfänger

einzelnen Patchantennen addiert werden (Superposition) [1, 2]:

$$\mathbf{E}(\mathbf{d},\phi) = \sum_{i=1}^{M} A_i \cdot \mathbf{E_i}(\mathbf{d} - \mathbf{d_{xi}}, \phi) \cdot \exp(\mathrm{j}\alpha_i) \qquad (3.12)$$

dabei ist A_i die Amplitude und α_i die eingestellte Phase des i-ten Patchantennenelements. Die tatsächliche Phase α_i beinhaltet die durch die Control Matrix eingestellte Phase und die Phasenverschiebung des Antennenkabels zum i-ten Patch. Dessen Phasenverschiebung muss natürlich zuvor hinreichend genau bestimmt werden und bei der Control Matrix Einstellung berücksichtigt werden. $\mathbf{E_i}$ ist die Azimut-Strahlungscharakteristik einer einzigen Patch-Antenne.

Die Richtcharakteristika aller Simulationen wurden mit einem erstellten Matlab-Code ermittelt [15]. Alle Darstellungen der Simulationen und der Messungen werden mit derselben Skalierung von -30 dB bis 0 dB dargestellt. Die Plots der Messergebnisse sind Originalplots (daher auch die winzigen Beschriftungen mit jedoch identischer Skalierung).

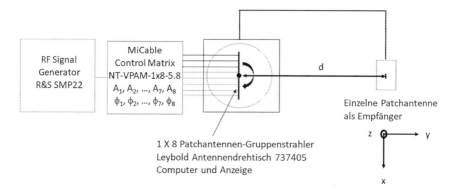

Abb. 3.6 Schematische Darstellung des Messaufbaus

3.4   Fernfeld-Richtcharakteristik eines linearen Antennen-Gruppenstrahlers

Abb. 3.7, 3.8, 3.9, 3.10, 3.11, 3.12, 3.13, 3.14 und 3.15 vergleichen paarweise die Ergebnisse der analytischen Methode (Simulation) [1, 2] mit den Messergebnissen. Die logarithmischen Skalen sind für die beiden Darstellungen identisch. Die Darstellungen sind jeweils auf 0 dB für die Hauptstrahlrichtung normiert. (Anmerkung: Der Antennengewinn kann also nicht direkt abgelesen werden. Auf die Gewinndarstellung wurde verzichtet, da die Amplitu-

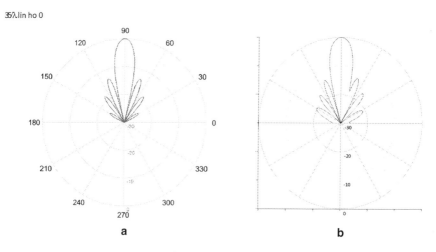

Abb. 3.7 Fernfeldstrahlungscharakteristik eines linearen Patchantennen-Gruppenstrahlers, d = 35 λ, homogene Amplitudenwichtung, Strahlschwenkung 0°. **a**) Simulation; **b**) Messung

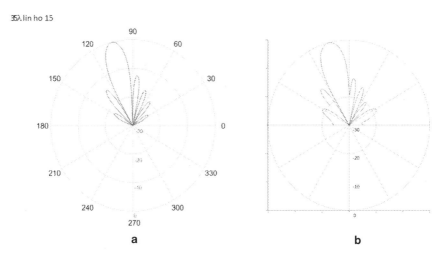

Abb.3.8 Fernfeldstrahlungscharakteristik eines linearen Patchantennen-Gruppenstrahlers, $d = 35\,\lambda$, homogene Amplitudenwichtung, Strahlschwenkung $15°$. **a**) Simulation; **b**) Messung

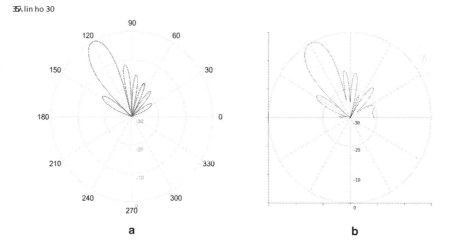

Abb.3.9 Fernfeldstrahlungscharakteristik eines linearen Patchantennen-Gruppenstrahlers, $d = 35\lambda$, homogene Amplitudenwichtung, Strahlschwenkung $30°$. **a**) Simulation; **b**) Messung

deneinstellungen durch verlustbehaftete Dämpfungsglieder vorgenommen werden und die zugeführte elektrische Leistung daher mehrdeutig ist.) Als Ergebnis ist klar zu sehen, dass die relativ starken Nebenkeulen, im Falle homogener Amplitudenwichtung, stark reduziert werden können, wenn die Amplitudenwichtung binomisch oder nach Tschebyscheff erfolgt. Im Fall der binomischen Ansteuerung ergibt sich auch eine beträchtliche Verbreiterung der

Antennenkeule in Hauptstrahlrichtung. Eine schmalere Antennenkeule kann jedoch mit einer größeren Anzahl von Antennenelementen erzielt werden.

Wir sehen eine gute Übereinstimmung zwischen den Simulations- und Messergebnissen, sowohl qualitativ als auch quantitativ. Dies gilt sowohl für den Verlauf der Hauptkeule, der Halbwertsbreite, der Schwenkwinkel, dem Verlauf der Nebenkeulen und der Strahlungs-minima. Sämtliche Simulationen und die analytische Methode, bzw. das Modell, sind also mit den Messungen verifiziert. Ein Blick in Details zeigt, dass die Halbwertsbreiten bei den Messungen geringfügig breiter sind, als die der Simulationen. Ursachen könnten sein, dass die Phasen nicht ausreichend exakt reproduziert werden können. Deren Abweichun-gen betragen bis zu $\pm 10°$. Auch die Parabolantenne auf der Empfängerseite könnte zu der geringen Verbreiterung beitragen. (Anmerkung: Für typische Hauptstrahlkeulen, wie in unseren Anordnungen, führt eine Zunahme der Halbwertbreite von $1°$ zu einer Abnahme des Gewinns um ca. $0{,}1$ dB.) In den Ergebnissen sehen wir, dass die linearen Patchantennen-Gruppenstrahler eine Halbwertsbreite von $13° - 15°$ für Schwenkwinkel von $0° - 30°$ aufweisen. Mit zunehmendem Schwenkwinkel nimmt die Halbwertsbreite zu. Dies ist zu erwarten, da die scheinbare Antennenbreite, vom Aufpunkt aus gesehen, für zunehmende Schwenkwinkel schmaler wird. Die Nebenkeulen des linearen Antennen-Gruppenstrahlers sind für homogene Amplitudenwichtung relativ hoch. Das ist zu erwarten, da die Richt-charakteristik die Fouriertransformierte der Stromdichtebelegung ist und damit den Ver-lauf $(\sin x)/x$ hat, siehe auch Abschn. 3.5. Für einen Schwenkwinkel von $0°$ ist die erste Nebenkeule -14 dB bezogen auf die Hauptkeule. Mit zunehmendem Schwenkwinkel, stei-gen die Nebenkeulen ein wenig an, z. B. -12 dB für einen Schwenkwinkel von $30°$. Um diese Nebenkeulen wirksam zu reduzieren wird nun eine Amplitudenwichtung im folgenden Kapitel diskutiert.

3.5   Amplitudenwichtung und Nebenkeulen im Strahlungsdiagramm

Strahlformung wird durchgeführt, indem man geeignete Amplitudenwichtungen und Pha-sensansteuerungen der einzelnen Antennenelemente vornimmt.

Betrachtet man Gl. (2.12) für den Dipolstrom $\mathbf{I}$ und die Amplitudenwichtungen A_i für diskrete Antennen-Gruppenstrahler, so sehen wir, dass das Strahlungsdiagramm die Fourier-Transformierte bzw. Diskrete Fourier-Transformation [16–18] der Stromdichteverteilung ist. Anders formuliert, wenn die Stromdichteverteilung bekannt ist, erhalten wir das Strahlungs-diagramm im Fernfeld durch Fourier-Transformation. Umgekehrt erhalten wir die Strom-dichteverteilung nach Betrag und Phase durch Inverse Fourier-Transformation des nun gege-benen Strahlungsdiagramms.

Dieser einfache Zusammenhang ermöglicht uns Aussagen über die Strahlungsdiagramme:

- Eine homogene Stromdichteverteilung wird in ein $\sin(x)/x$-förmiges Strahlungsdiagramm transformiert. Es entstehen also kräftige Nebenkeulen, der Antennengewinn ist relativ hoch. (Anmerkung: In unseren Simulationen und praktischen Messungen werden dann alle Antennenelemente mit derselben Amplitude und derselben Phase angesteuert (Abb. 3.7, 3.8, 3.9, 3.10, 3.11, 3.12, 3.13, 3.14 und 3.15). Man erkennt die kräftigen Nebenkeulen und schließt wegen der schmalen Hauptkeule auf einen hohen Antennengewinn.)
- Eine Gauß-förmige Amplitudenverteilung ergibt Fourier-transformiert eine Gauß-förmige Hauptkeule mit entsprechend kleinen Nebenkeulen. Dies wird typischerweise bevorzugt. (Anmerkung: In unseren Simulationen und praktischen Messungen sind die Amplituden nicht exakt Gauß-förmig verteilt. Die diskreten Elemente werden mit binomischer Amplitudenwichtung, und damit Gauß-ähnlich, angesteuert. Die Nebenkeulen sind stark unterdrückt.)
- Eine schmale Antennenapertur wird eine breite Hauptkeule, mit geringerem Antennengewinn erzeugen, während eine breite Antennenapertur eine schmälere Hauptkeule erzeugt, die mit höherem Antennengewinn verbunden ist.
- Wenn eine Strahlschwenkung von einem linearen Antennen-Gruppenstrahler durchgeführt wird, wie in unseren Beispielen, so sieht man, dass sich die Hauptkeule verbreitert, wenn die Strahlrichtung zur Seite geschwenkt wird. Dies liegt daran, dass die scheinbare Antennenapertur aus dieser Strahlrichtung gesehen kleiner ist, als die geometrische Apertur. Entsprechend verbreitert sich die Antennenkeule und führt zu vermindertem Antennengewinn.

Ähnliche Zusammenhänge bestehen selbstverständlich für alle Antennen, wie auch lineare Antennen-Gruppenstrahler, planare Antennen-Gruppenstrahler oder auch konforme Antennen-Gruppenstrahler, die in den folgenden Kapiteln behandelt werden.

Mit der Inversen Fourier-Transformation oder der Inversen Fast Fourier Transform (IFFT) mit Fensterung [17], können gewünschte Antennenrichtdiagramme synthetisiert werden. Weitere Informationen finden sich in [17, 18].

Im Folgenden werden zwei verschiedene Amplitudenwichtungen genauer betrachtet, hier handelt es sich um eine binomische Verteilung, ähnlich einer pseudo-Gauß-Verteilung und andererseits einer Tschebyscheff-Verteilung. Die Phasen werden nicht geändert und die Ansteuerungen sind denen der homogenen Ansteuerung, Abschn. 3.2, identisch. Eine binomische Amplitudenwichtung reduziert die Nebenkeulen beträchtlich auf nun weniger als -30 dB, bezogen auf die Hauptkeule, siehe Abb. 3.10, 3.11 und 3.12. Dementsprechend verbreitert sich die Hauptkeule von ca. 14°, für homogene Amplitudenwichtung, auf nun

35λ lin bi 0

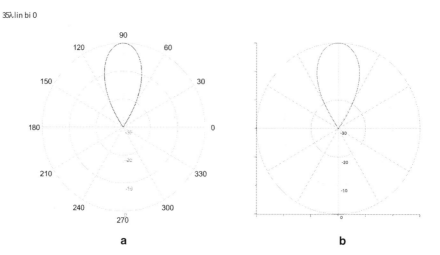

a   b

Abb. 3.10 Fernfeldstrahlungscharakteristik eines linearen Patchantennen-Gruppenstrahlers, d = 35 λ, binomische Amplitudenwichtung, Strahlschwenkung 0°. **a**) Simulation; **b**) Messung

35λ lin bi 15

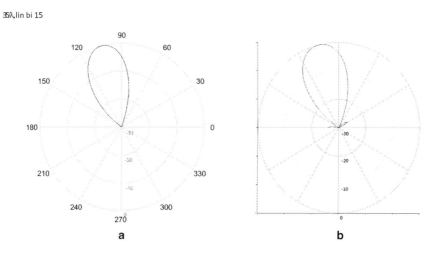

a   b

Abb. 3.11 Fernfeldstrahlungscharakteristik eines linearen Patchantennen-Gruppenstrahlers, d = 35 λ, binomische Amplitudenwichtung, Strahlschwenkung 15°. **a**) Simulation; **b**) Messung

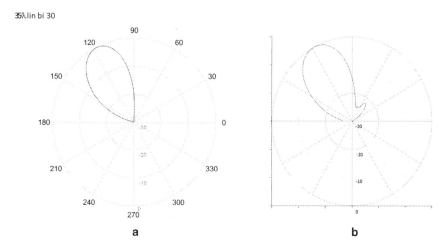

Abb. 3.12 Fernfeldstrahlungscharakteristik eines linearen Patchantennen-Gruppenstrahlers, d = 35 λ, binomische Amplitudenwichtung, Strahlschwenkung 30°. **a**) Simulation; **b**) Messung

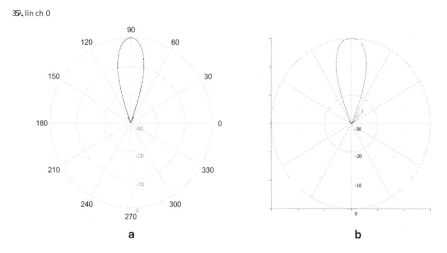

Abb. 3.13 Fernfeldstrahlungscharakteristik eines linearen Patchantennen-Gruppenstrahlers, d = 35 λ, Tschebyscheff-Amplitudenwichtung, Strahlschwenkung 0°. **a**) Simulation; **b**) Messung

ca. 23° für binomische Amplitudenwichtung. Entsprechend geringer fällt der Antennenge-winn aus. (Anmerkung: Die Gewinnreduzierung fällt noch stärker aus, falls die gesamte, dem Antennen-Gruppenstrahler, zugeführte Leistung weiter dadurch reduziert wird, indem verlustbehaftete Abschwächer verwendet werden, um die Amplituden einzustellen. Dies ist ein weiterer Grund für die Amplitudeneinstellung in der IF-Ebene.) Nichtsdesotrotz ist eine

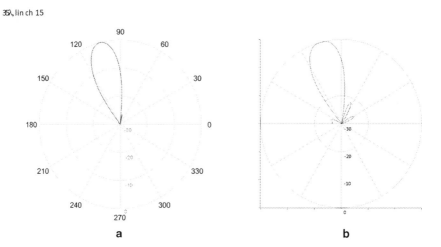

Abb. 3.14 Fernfeldstrahlungscharakteristik eines linearen Patchantennen-Gruppenstrahlers, d = 35 λ, Tschebyscheff-Amplitudenwichtung, Strahlschwenkung 15°. **a**) Simulation; **b**) Messung

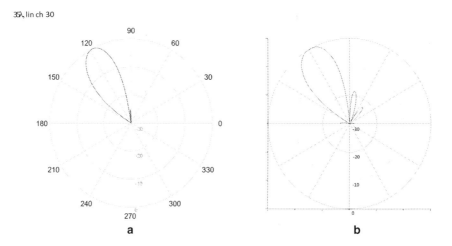

Abb. 3.15 Fernfeldstrahlungscharakteristik eines linearen Patchantennen-Gruppenstrahlers, d = 35 λ, Tschebyscheff-Amplitudenwichtung, Strahlschwenkung 30°. **a**) Simulation; **b**) Messung

binomische Amplitudenverteilung von Interesse, insbesondere, wenn verlustlose Ansteuernetzwerke verwendet werden, falls niedrige Nebenkeulen gewünscht sind.

Anschließend wird eine Tschebyscheff-Amplitudenwichtung betrachtet, siehe Abb. 3.13, 3.14 und 3.15. Wir sehen, dass die Nebenkeulen ebenfalls mit ca. −30 dB gegenüber der Hauptkeule unterdrückt sind. Die Halbwertsbreiten betragen 17° für eine Strahlschwenkung von 0° und 19° für eine Strahlschwenkung von 30°. Offensichtlich ist die Tschebyscheff-Amplitudenwichtung ein interessanter Kompromiss mit relativ schmaler Hauptkeule und ebenfalls niedrigen Nebenkeulen. (Anmerkung: Um den hohen Gewinn wieder voll auszunutzen, dürfen bei der Amplitudenwichtung keine Abschwächer verwendet werden. Entweder müssen verlustarme Leistungsteiler in der RF-Ebene verwendet werden oder die Amplitudenwichtung muss in der IF-Ebene vorgenommen werden.)

3.6   Nahfeldstrahlungscharakteristik bei d = 10 λ

In Abb. 3.16, 3.17, 3.18, 3.19, 3.20, 3.21, 3.22, 3.23 und 3.24 werden die Nahfeldstrahlungsdiagramme der analytischen Berechnung (Simulation) [1, 2] und der Messungen paarweise dargestellt. Der Abstand zum Aufpunkt oder Fokus beträgt 10 λ. Auch für das Nahfeld ist klar zu sehen, dass die Stärke der Nebenkeulen von der Amplitudenwichtung abhängt. Starke Nebenkeulen erhalten wir bei homogener Amplitudenwichtung, verminderte Nebenkeulen mit Verbreiterung der Hauptkeule wieder bei binomischer und Tschebyscheff-Amplitudenwichtung. Schmalere Antennenkeulen können wieder mit erhöhter Anzahl von Antennenelementen erzielt werden.

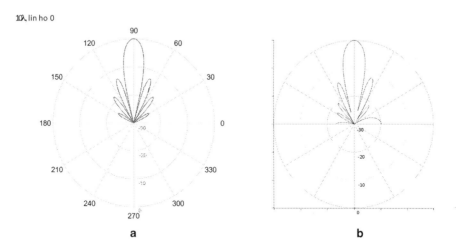

a   b

Abb. 3.16 Nahfeldstrahlungscharakteristik eines linearen Patchantennen-Gruppenstrahlers, d = 10 λ, homogene Amplitudenwichtung, Strahlschwenkung 0°. **a)** Simulation; **b)** Messung

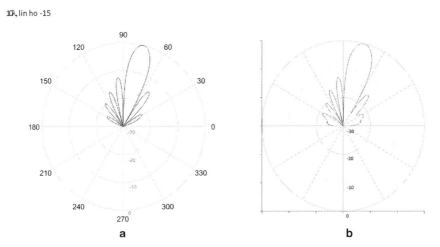

Abb. 3.17 Nahfeldstrahlungscharakteristik eines linearen Patchantennen-Gruppenstrahlers, d = 10 λ, homogene Amplitudenwichtung, Strahlschwenkung −15°. **a**) Simulation; **b**) Messung

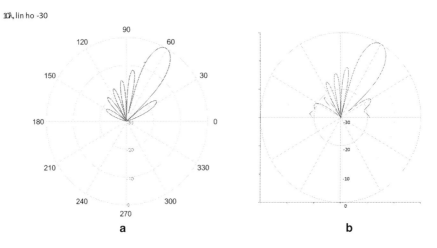

Abb. 3.18 Nahfeldstrahlungscharakteristik eines linearen Patchantennen-Gruppenstrahlers, d = 10 λ, homogene Amplitudenwichtung, Strahlschwenkung −30°. **a**) Simulation; **b**) Messung

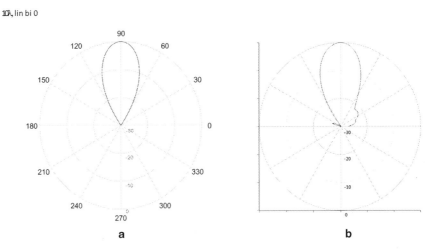

Abb. 3.19 Nahfeldstrahlungscharakteristik eines linearen Patchantennen-Gruppenstrahlers, d = 10 λ, binomische Amplitudenwichtung, Strahlschwenkung 0°. **a**) Simulation; **b**) Messung

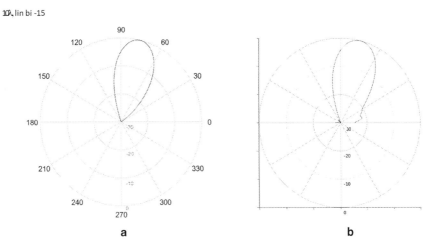

Abb. 3.20 Nahfeldstrahlungscharakteristik eines linearen Patchantennen-Gruppenstrahlers, d = 10 λ, binomische Amplitudenwichtung, Strahlschwenkung −15°. **a**) Simulation; **b**) Messung

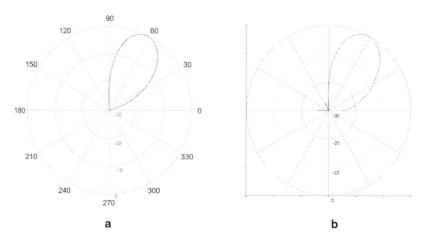

a   b

Abb. 3.21 Nahfeldstrahlungscharakteristik eines linearen Patchantennen-Gruppenstrahlers, d = 10 λ, binomische Amplitudenwichtung, Strahlschwenkung −30°. **a**) Simulation; **b**) Messung

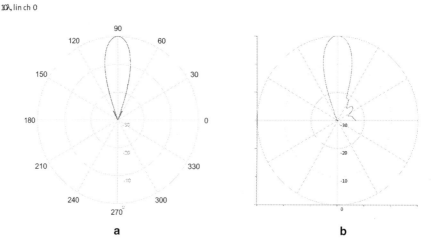

a   b

Abb. 3.22 Nahfeldstrahlungscharakteristik eines linearen Patchantennen-Gruppenstrahlers, d = 10 λ, Tschebyscheff-Amplitudenwichtung, Strahlschwenkung 0°. **a**) Simulation; **b**) Messung

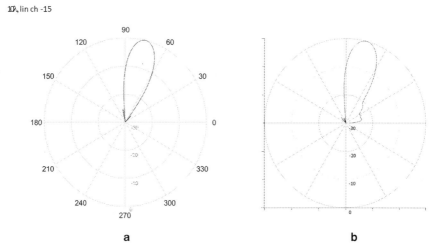

Abb. 3.23 Nahfeldstrahlungscharakteristik eines linearen Patchantennen-Gruppenstrahlers, d = 10 λ, Tschebyscheff-Amplitudenwichtung, Strahlschwenkung −15°. **a**) Simulation; **b**) Messung

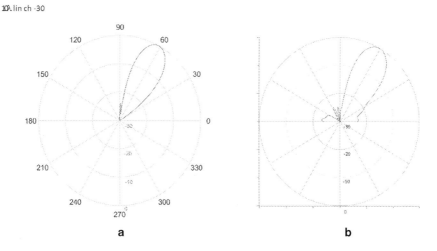

Abb. 3.24 Nahfeldstrahlungscharakteristik eines linearen Patchantennen-Gruppenstrahlers, d = 10 λ, Tschebyscheff-Amplitudenwichtung, Strahlschwenkung −30°. **a**) Simulation; **b**) Messung

3.7   Nahfeldstrahlungscharakteristik bei d = 5.6 λ

Die Nahfeldbetrachtungen werden nun komplementiert, indem der Abstand vom Antennen-Gruppenstrahler zum Aufpunkt, oder Fokus auf 5,6 λ eingestellt wird. In Abb. 3.25, 3.26, 3.27, 3.28, 3.29, 3.30, 3.31, 3.32 und 3.33 werden wieder die Nahfeldstrahlungsdiagramme der analytischen Berechnung (Simulation) [1, 2] und der Messungen paarweise dargestellt. Auch hier ist klar zu sehen, dass die Stärke der Nebenkeulen von der Amplitudenwichtung abhängt. Starke Nebenkeulen erhalten wir bei homogener Amplitudenwichtung, stark verminderte Nebenkeulen mit Verbreiterung der Hauptkeule wieder bei binomischer und Tschebyscheff-Amplitudenwichtung. Schmalere Antennenkeulen können wieder mit erhöhter Anzahl von Antennenelementen erzielt werden.

Betrachtet man alle Abb. 3.26, 3.27, 3.28, 3.29, 3.30, 3.31, 3.32 und 3.33 so erkennt man wieder, dass die Simulation gut durch die Messungen verifiziert werden. Geringfügig höhere Nebenkeulen bei den Messergebnissen, im Vergleich zu den Simulationen, können auf unerwünschte Reflexionen zurückgeführt werden. (Anmerkung: Für alle diese Nahfeldmessungen wurde natürlich kein Parabolischer Reflektor auf der Empfangsseite verwendet, um die Empfangsantennenapertur so klein, wie möglich zu halten.) Als Entfernungen wurden 5,6 λ und 10 λ verwendet. Mit für Nahfeld korrigierten Phasen und identischen Amplituden, wie für das Fernfeld, erhalten wir sehr ähnliche Strahlungsdiagramme, wie für das Fernfeld. Hauptstrahlbreiten und Nebenkeulenverteilungen sind fast identisch. Als Fazit können also auch für Nahfeldanwendungen gewünschte Strahlformen und Schwenkwinkel entworfen und simuliert werden.

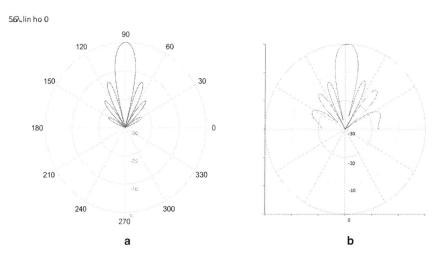

Abb. 3.25 Nahfeldstrahlungscharakteristik eines linearen Patchantennen-Gruppenstrahlers, d = 5,6 λ, homogene Amplitudenwichtung, Strahlschwenkung 0°. **a)** Simulation; **b)** Messung

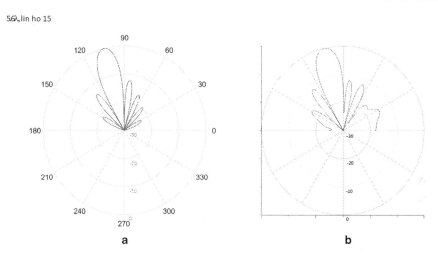

Abb. 3.26 Nahfeldstrahlungscharakteristik eines linearen Patchantennen-Gruppenstrahlers, d = 5,6 λ, homogene Amplitudenwichtung, Strahlschwenkung 15°. **a**) Simulation; **b**) Messung

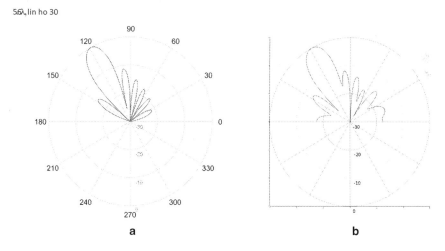

Abb. 3.27 Nahfeldstrahlungscharakteristik eines linearen Patchantennen-Gruppenstrahlers, d = 5,6 λ, homogene Amplitudenwichtung, Strahlschwenkung 30°. **a**) Simulation; **b**) Messung

In diesem Kapitel wurden 1-dimensionale, lineare Patchantennen-Gruppenstrahler untersucht. Dabei wurden Strahlschwenkung und Strahlformung betrachtet. Simulationsergebnisse wurden durch praktische Messergebnisse bei einer ISM-Frequenz von 5,8 GHz verifiziert. Als Amplitudenwichtungen wurden homogene, binomische und Tschebyscheff-Wichtungen vorgenommen. Letztere beiden reduzieren kräftig die Nebenkeulen über einen weiten Strahlschwenkungsbereich in Fern- und Nahfeld. Die Halbwertsbreite nimmt mit Tschebyscheff- und insbesondere mit binomischer Amplitudenverteilung zu. Ebenfalls

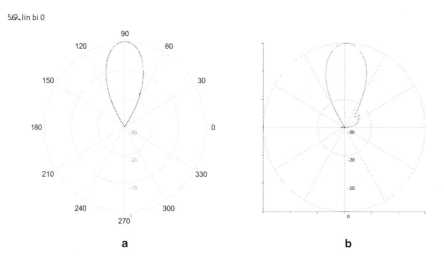

Abb. 3.28 Nahfeldstrahlungscharakteristik eines linearen Patchantennen-Gruppenstrahlers, d = 5,6 λ, binomische Amplitudenwichtung, Strahlschwenkung 0°. **a**) Simulation; **b**) Messung

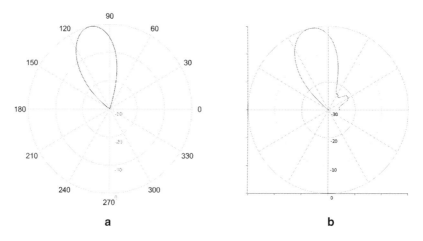

Abb. 3.29 Nahfeldstrahlungscharakteristik eines linearen Patchantennen-Gruppenstrahlers, d = 5,6 λ, binomische Amplitudenwichtung, Strahlschwenkung 15°. **a**) Simulation; **b**) Messung

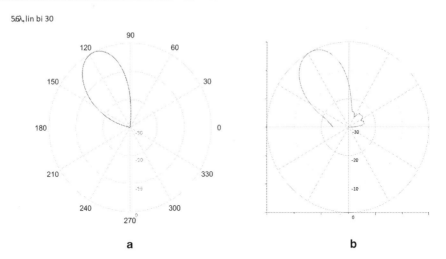

Abb. 3.30 Nahfeldstrahlungscharakteristik eines linearen Patchantennen-Gruppenstrahlers, d = 5,6 λ, binomische Amplitudenwichtung, Strahlschwenkung 30°. **a**) Simulation; **b**) Messung

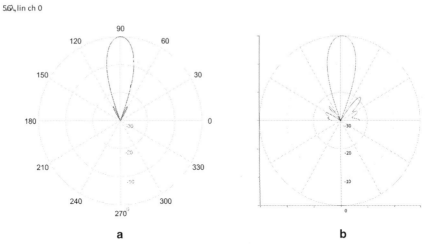

Abb. 3.31 Nahfeldstrahlungscharakteristik eines linearen Patchantennen-Gruppenstrahlers, d = 5,6 λ, Tschebyscheff-Amplitudenwichtung, Strahlschwenkung 0°. **a**) Simulation; **b**) Messung

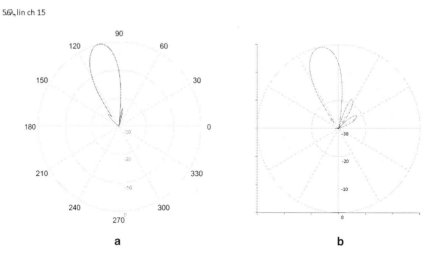

Abb. 3.32 Nahfeldstrahlungscharakteristik eines linearen Patchantennen-Gruppenstrahlers, d = 5,6 λ, Tschebyscheff-Amplitudenwichtung, Strahlschwenkung 15°. **a**) Simulation; **b**) Messung

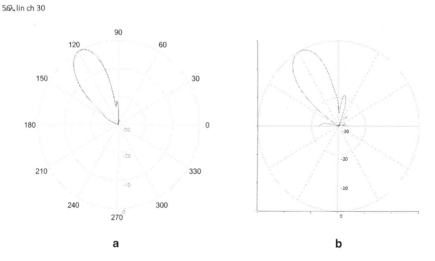

Abb. 3.33 Nahfeldstrahlungscharakteristik eines linearen Patchantennen-Gruppenstrahlers, d = 5,6 λ, Tschebyscheff-Amplitudenwichtung, Strahlschwenkung 30°. **a**) Simulation; **b**) Messung

nimmt die Halbwertsbreite geringfügig mit steigendem Schwenkwinkel etwas zu. Abhängig von gewünschter Strahlschwenkung und Strahlformung kann die Methode selbstverständlich auf eine größere Anzahl von Antennenelementen übertragen werden. Die analytischen, durch die Messungen verifizierten, Methoden können übertragen verwendet werden, um optimale Parameter für dynamische Strahlformung für adaptive planare oder konforme Antennen-Gruppenstrahler zu liefern.

Literatur

1. S.-P. Chen: Improved Near Field Focusing of Antenna Arrays with Novel Weighting Coefficients. IEEE WiVeC 2014, 6th International Symposium on Wireless Vehicular Communications (2014).
2. S.-P. Chen: An Efficient Method for Investigating Near Field Characteristics of Planar Antenna Arrays. Wireless Personal Communications 95 (2), pp. 223–232. Springer Nature (2017).
3. R. E. Collin, F. J. Zucker: Antenna Theory, Part 1. McGraw-Hill Book Company (1969).
4. K. F. Lee: Principles of Antenna Theory. John Wiley & Sons Ltd. (1984).
5. B. D. Steinberg, H. M. Subbaram: Microwave Imaging Techniques. John Wiley & Sons, Inc. (1991).
6. R. J. Mailloux: Phased Array Antenna Handbook. Artech House Inc. (1994).
7. L. V. Blake, M. W. Long: Antennas: Fundamentals, Design, Measurement. 3rd Edition. Scitech Publishing, Inc. (2009).
8. D. G. Fang: Antenna Theory and Microstrip Antennas. CRC Press (2010).
9. W. H. Carter: On Refocusing a Radio Telescope to Image Sources in the Near Field of the Antenna Array. IEEE Transactions on Antennas and Propagation, Vol. 37, pp. 314–319 (1999).
10. A. Badawi, A. Sebak, L. Shafai: Array Near Field Focusing. WESCNEX'97 Proceedings of Conference on Communications, Power and Computing, pp. 242–245 (1997).
11. M. Bogosanovic, A. G. Williamsoni: Antenna Array with Beam Focused in Near Field Zone. Electronics Letters, vol. 39, pp. 704–705 (2005).
12. J. Grubert: A Measurement Technique for Characterization of Vehicles in Wireless Communications. PhD Thesis (in German) of Technical University Hamburg-Harburg, Cuvillier Verlag Goettingen (2006).
13. S. Ebadi, R. V. Gatti, L. Marcaccioli, R. Sorrentinoi: Near Field Focusing in Large Reflector Array Antennas Using 1-bit Digital Phase Shifters. Proceedings of the 39th European Microwave Conference, pp. 1029–1032 (2009).
14. MiCable Inc.: http://en.micable.cn.
15. Matlab. https://www.mathworks.com/products/matlab.html.
16. C. Balanis, Antenna Theory Analysis and Design, John Wiley, 1997.
17. F. Harris, On the Use of Windows for Harmonic Analysis with the Discrete Fourier Transform", Proc. of IEEE, vol. 66, No. 1, pp. 51–83, 1978.
18. X. Wang, Y. Zhong, and Y. Wang, An Improved Antenna Array Pattern Synthesis Method Using Fast Fourier Transform, International Journal of Antennas and Propagation, 2015, 1–9, 2015.

Planare Antennen-Gruppenstrahler 4

Die Nahfeldfokussierung 2-dimensionaler planarer Antennen-Gruppenstrahler wird mithilfe effizienter Analysemethoden analysiert, die durch den Vergleich der Simulationsergebnisse mit den Messergebnissen 1-dimensionaler linearer Patchantennen-Gruppenstrahler im letzten Kapitel validiert wurden, anstelle zeitaufwändiger numerischer Methoden. Dies ist besonders wichtig für den Entwurfs- und Optimierungsprozess für dynamische Strahlformung und andere Nahfeldanwendungen.

Gruppenstrahler zeigen bei größeren Strahlschwenkungswinkeln im Nahfeld erhöhte Nebenkeulen. Herkömmliche Techniken wie inhomogene, aber symmetrische Amplitudenwichtungen, um einen bestimmten Grad der Nebenkeulenunterdrückung sicherzustellen, reduzieren die Nebenkeulen nicht vollständig oder ausreichend für den Nahfeldfall, insbesondere in der Rückwärts- und Seitwärtsrichtung. In diesem Kapitel werden asymmetrische Amplitudenwichtungskoeffizienten in Kombination mit Dolph-Tschebyscheff verwendet, um die Nebenkeulenunterdrückung über einen größeren Winkelbereich weiter zu verbessern.

Gruppenstrahler werden häufig in verschiedenen Anwendungen wie Mobilkommunikation, Radar mit synthetischer Apertur, Medizin, Sensorik, Bildgebung oder Radioastronomie [1, 11] eingesetzt, um eine schnelle und präzise Strahlformung zu ermöglichen. Im Allgemeinen ist für die Strahlformung eine hohe Auflösung erforderlich, was zu relativ großen Gruppenstrahlern und komplexen Signalverarbeitungssystemen führt. In einigen Fällen arbeiten die Systeme im Nahfeldbereich.

Die Fernfeldstrahlungseigenschaften und Strahlformungsmethoden für Gruppenstrahler wurden gründlich untersucht und diskutiert [1, 6]. Der Kopplungseffekt zwischen den Gruppenstrahler-Elementen kann oft vernachlässigt werden, wenn die Abstände zwischen den Gruppenstrahler-Elementen größer oder gleich $\lambda/2$ sind und wenn die Strahlung von einem Antennenelement in Richtung der benachbarten Antennenelemente sehr gering ist.

S.-P. Chen und H. Schmiedel, *Phasengesteuerte Antennen- Gruppenstrahler*, https://doi.org/10.1007/978-3-031-56830-5_4

Fernfeld und Nahfeld werden üblicherweise durch die Fernfeldentfernungsdefinition $r_{min} = 2D^2/\lambda$ mit der größten Abmessung des Gruppenstrahlers D und der Wellenlänge λ unterschieden. Für die Untersuchungen in diesem Kapitel, also für die Anzahl der Gruppenstrahlerelemente M, $N \le 10$ und d_x, $d_z = \lambda/2$ (Abb. 4.1–4.3), wird der Nahfeldbereich (Abstand zwischen dem Mittelpunkt des Gruppenstrahlers und dem Aufpunkt kleiner als 32 λ) bleiben, obwohl die Prinzipien auch für beliebige Gruppenstrahler mit großen Zahlen M und N [12] gelten.

4.1 Strahlformung, -fokussierung und -schwenkung planarer Gruppenstrahler

Ein planarer Gruppenstrahler ist in Abb. 4.1 schematisch dargestellt, wobei x_m und z_n die x- und z-Koordinaten der einzelnen Gruppenstrahler-Elemente sind. Die Mitte des Gruppenstrahlers und der Brennpunkt $F(x, y, z)$ bilden den Strahlschwenkungswinkel θ_0 oder ϕ_0. $\mathbf{r} - \mathbf{r_{mn}}$ ist der Vektor zwischen dem Gruppenstrahler-Element (x_m, y_{mn}, z_n) und dem Brennpunkt $F(x, y, z)$. $\mathbf{r_{mn}}$ ist der Vektor, der vom Koordinatenursprung $(0, 0, 0)$ als

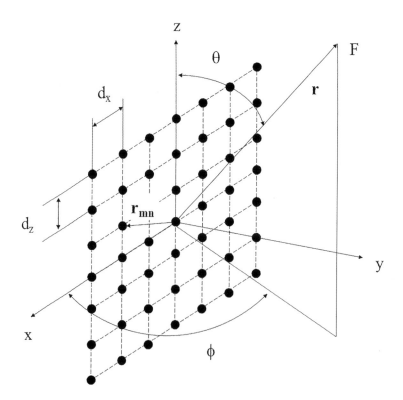

Abb. 4.1 Planarer M×N Gruppenstrahler in der x-z Ebene mit Brennpunkt F(x, y. z)

Referenzpunkt des Antennen-Gruppenstrahlers auf das Gruppenstrahler-Element zeigt. Genauer gesagt ist der Strahlschwenkungswinkel der Winkel in Bezug auf die Hauptkeule in y-Richtung. Unter Vernachlässigung des Kopplungseffekts zwischen den Gruppenstrahler-Elementen kann der planare Gruppenstrahler weiter untersucht werden, indem zwei orthogonale lineare Gruppenstrahler parallel zur x-Achse und der z-Achse überlagert werden (siehe zum Beispiel Abb. 4.2 und 4.3).

Einfachheitshalber werden zuerst die planaren Gruppenstrahler analysiert, d. h. $y_{mn} = 0$, obwohl die vorgeschlagene Methode allgemein für konforme Gruppenstrahler gilt.

Die Nahfeldeigenschaften dieser Art von planaren Gruppenstrahlern oder modifizierten konformen Gruppenstrahlern können entweder mit numerischen Methoden oder mit der analytischen Methode analysiert werden, indem alle Strahlungsfelder aller Gruppenstrahlerelemente entlang der x-z-Ebene überlagert werden. Das gesamte Strahlungsmuster des beliebigen Gruppenstrahlers im Brennpunkt oder Aufpunkt F kann erhalten werden durch

$$\mathbf{E}(\mathbf{r}, \theta.\phi) = \sum_{m}^{M} \sum_{n}^{N} a_{mn} \cdot \mathbf{E_{mn}}(\mathbf{r} - \mathbf{r_{mn}}, \theta, \phi) \cdot \exp(j\alpha_{mn}) \tag{4.1}$$

mit a_{mn} als Amplitude und α_{mn} als richtig gewählter Phasenverschiebung des entsprechenden Antennenelements bei $(x_m, 0, z_n)$, um die gewünschte Strahlschwenkung einzustellen.

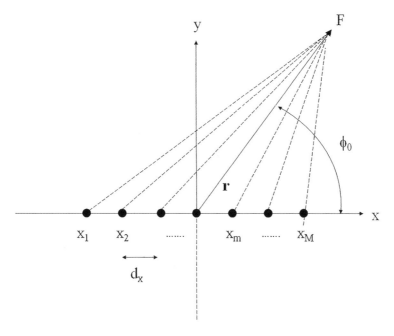

Abb. 4.2 Lineare Gruppenstrahler-Anordnung entlang der x-Achse, mit der Projektion des Brennpunkts F(x,y,z) auf die x-y-Ebene für z-orientierte Dipole

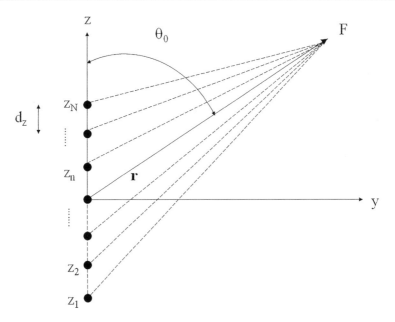

Abb. 4.3 Lineare Gruppenstrahler-Anordnung entlang der z-Achse, mit der Projektion des Brenn-punkts F(x,y,z) auf der y-z-Ebene für z-orientierte Dipole

Die Elemente können Hertzsche Dipole, Patches oder andere Strahler sein. Zur Fokussierung der Strahlung des Gruppenstrahlers sollten die Nebenkeulen auf ein Minimum reduziert wer-den. Die gewünschte schmale Strahlbreite kann durch die Verwendung einer großen Anzahl von Gruppenstrahler-Elementen $M \times N$ erreicht werden.

Der Einfachheit halber und im Fall eines planaren Gruppenstrahlers in der x-z-Ebene gilt $y_{mn} = 0$. $\mathbf{E_{mn}}(\mathbf{r} - \mathbf{r_{mn}}, \theta, \phi)$ ist die Grundfunktion, die die Feldstrahlungseigenschaften jedes Antennenelements beschreibt. $\mathbf{r}$ ist der Vektor, der vom Koordinatensystemursprung $(0, 0, 0)$ auf den Fokus F zeigt.

Für die Untersuchungen der Strahlungseigenschaften im Fernfeld sind einige Verein-fachungen möglich, d.h. die E-Felder sind in erster Näherung reziprok proportional zum Abstand $\mathbf{r}$ zwischen der Quelle und dem Aufpunkt oder Brennpunkt, außer für das Nahfeld. In diesem Fall ist entweder der vereinfachte isotrope Strahler oder das genaue Nahfeldmus-ter jedes einzelnen Strahlers (Dipol oder Patch) zu berücksichtigen, der sich bei $(x_m, 0, z_n)$ befindet. Für realistische Fälle, insbesondere bei der Untersuchung der planaren Gruppen-strahler, werden Hertzsche Dipole oder Patchantennenelemente entlang der z-Achse unter-sucht (vgl. [6]).

Bei planaren Gruppenstrahlern kann der Strahl geformt und geschwenkt werden, indem die Amplituden a_{mn} und Phasenverschiebungen α_{mn} eindimensional richtig gewählt wer-den. Das zweidimensionale Problem der Strahlformung kann vereinfacht werden, wenn wir den Kopplungseffekt zwischen den Gruppenstrahlerelementen vernachlässigen und einige

Amplituden- und Phasenverteilungen annehmen, die die Zerlegung der Doppelsumme in das Produkt einfacher Summengleichungen (4.2)–(4.4) ermöglichen

$$\mathbf{E}(\mathbf{r}, \theta, \phi) = \mathbf{E_M}(\mathbf{r} - \mathbf{r_m}, \theta, \phi) \cdot \mathbf{E_N}(\mathbf{r} - \mathbf{r_n}, \theta, \phi), \tag{4.2}$$

$$\mathbf{E_M}(\mathbf{r}, \theta, \phi) = \sum_{m}^{M} a_m \cdot \mathbf{E_m}(\mathbf{r} - \mathbf{r_m}, \theta, \phi) \cdot \exp(\mathrm{j}\alpha_x(m)), \tag{4.3}$$

$$\mathbf{E_N}(\mathbf{r}, \theta, \phi) = \sum_{n}^{N} a_n \cdot \mathbf{E_n}(\mathbf{r} - \mathbf{r_n}, \theta, \phi) \cdot \exp(\mathrm{j}\alpha_z(n)). \tag{4.4}$$

In diesem Fall kann die planare Anordnung einfach durch zwei orthogonale lineare Anordnungen parallel zur x- und z-Achse getrennt ersetzt werden. Die Analysen werden wesentlich einfacher, insbesondere wenn der Fokus auf der Nahfeldfokussierung liegt.

Auf diese Weise können die Strahlformungsaufgaben zur Erreichung von ϕ_0 beispielsweise auch durch die richtige Auswahl der Amplitudenparameter a_m und Phasenverschiebungen α_m zuerst in der x-y-Ebene erledigt werden (Abb. 4.1) und dann in der x-z-Ebene, um θ_0 zu erreichen, indem die Amplitudenkoeffizienten a_n und Phasenverschiebungen α_n richtig gewählt werden (Abb. 4.3).

Um den Strahl im Nahfeld in eine gewünschte Richtung zu schwenken, d. h. wenn der Fokus F in der Nähe der Quellen liegt, beispielsweise in einem Abstand $< 30\lambda$, sind die Verbindungslinien zwischen dem Fokus und den Gruppenstrahler-Elementen nicht mehr parallel wie im Fernfeldfall, so dass das einfache Fernfeldmodell zu einer falschen Schätzung der Phasenverschiebungen der Antennenelemente führt. Die Phasen von den Array-Elementen zum Brennpunkt F müssen unter Berücksichtigung des genauen Abstands zwischen dem Gruppenstrahler-Element und dem Brennpunkt berechnet werden, nicht nur des Schwenkwinkels wie im Fernfeldfall [10]:

$$\alpha_x(m) = k_0\sqrt{R_m^2 + (md_x)^2 - 2R_m \cdot m \cdot d_x \cdot \cos(\phi_0)}, \tag{4.5}$$

$$\alpha_z(n) = k_0\sqrt{R_n^2 + (nd_z)^2 - 2R_n \cdot n \cdot d_z \cdot \sin(\theta_0)}. \tag{4.6}$$

Mit den Abständen R_m, R_n und den Schwenkwinkeln θ_0, ϕ_0 lassen sich die Phasendifferenzen zwischen den Elementen, insbesondere die Differenz zum Ursprung, einfach berechnen als $\Delta\alpha = \alpha_m - k_0 \cdot r$. Abb. 4.2 veranschaulicht den Zusammenhang.

In allen Simulationen in diesem Kapitel basieren die Phasenverschiebungen auf genau dieser Nahfeldannahme.

Um die Probleme der Nahfeldfokussierung schnell simulieren zu können, wird eine analytische Methode bevorzugt und entwickelt. Um dies sicherzustellen, wurde die Analysemethode mit allgemein bekannten anspruchsvollen, aber zeitaufwändigen numerischen Simulationstechniken wie CST und HFSS in [12] verglichen. Die relativ geringen Unterschiede zwischen diesen Lösungen bestätigen den geringen Kopplungseffekt für die auch in diesem Kapitel verwendeten Parametereinstellungen und rechtfertigen die Verwendung der vorgeschlagenen Analysemethode zur Untersuchung der Nahfeldfokussierungsprobleme als gute Näherung, insbesondere für Patchantennen.

In [10, 12] konnte gezeigt werden, dass der Nebenkeulenpegel im Nahfeld deutlich zunimmt, wenn der Strahlschwenkungswinkel größer wird, wenn homogene Amplitudenwichtung angewendet wird.

4.2   Nebenkeulenunterdrückung

Zunächst wird ein 10-Dipol-Gruppenstrahler für verschiedene Strahlschwenkungswinkel 15°–45° analysiert, wobei der Brennpunkt auf einen Abstand von 10 λ ausgelegt ist, um die typischen Strahlungseigenschaften mit und ohne zusätzliche asymmetrische Wichtung zu zeigen.

Es gibt viele bekannte Steuerungstechniken zur Strahlformung und Nebenkeulenunterdrückung, wie z. B. binomische und Tschebyscheff-Amplitudenwichtungen, definiert als Wichtungsfunktionen $W(m)$ und $W(n)$ (z. B. [4, 5]). Durch die Verwendung der Binomialverteilung kann der Nebenkeulenpegel ohne Welligkeit reduziert werden, gleichzeitig wird aber auch die Strahlbreite erhöht. Tschebyscheff-Amplitudenwichtung führt zu besseren Ergebnissen sowohl hinsichtlich der schmalen Strahlbreite als auch der reduzierten Nebenkeulenpegel, was für die Nahfeldfokussierung äußerst wichtig ist.

Die Unterdrückung der Nebenkeulen wird durch die Tschebyscheff-Wichtungen verbessert, die Hauptnebenkeule nimmt jedoch für Strahlschwenkungswinkel von 15° bis 45° [10, 12] zu, insbesondere im Nahfeldfall.

Die deutliche Vergrößerung der Nebenkeulen ist für Signalübertragungs-, Sensor- oder Bildgebungsanwendungen von Nachteil. Diese könnten aufgrund von Mehrwegeausbreitungseffekten zu Fehlern und Störungen führen. In [10] wird eine einfache, aber effektive Möglichkeit vorgeschlagen, diese Nebenkeulen weiter zu reduzieren, indem eine zusätzliche asymmetrische Amplitudenfunktion verwendet wird, die auch in [12] für θ_0 und die Gruppenstrahler parallel zur x-Achse weiter verbessert wird (siehe Definitionen in den Gl. (4.7)–(4.10), die gleichen Gleichungen gelten für ϕ_0 und den Gruppenstrahler parallel zur z-Achse).

$$n_s = \frac{(180 - \theta_0)}{180} \cdot M, \tag{4.7}$$

$$a_{asym}(i) = 1 + s \cdot (i - 1); \quad for \ \ 1 <= i <= n_s, \tag{4.8}$$

$$(a_{asym}(i) = 1 + s \cdot \frac{(M - i) \cdot n_s}{(M - n_s)}; \quad for \ \ n_s <= i <= M, \tag{4.9}$$

$$a(i) = W(i) \cdot a_{asym}(i) \exp(\mathrm{j} \cdot \alpha(i))). \tag{4.10}$$

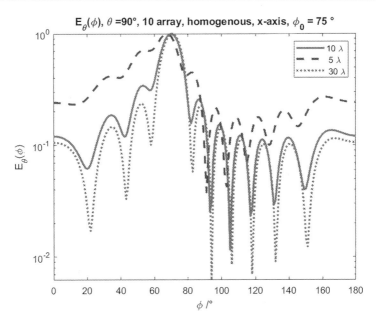

Abb. 4.4 Nahfeldrichtdiagramm eines z-orientierten Dipol-Gruppenstrahlers entlang der x-Achse mit homogenen Amplitudenwichtungen für einen Strahlschwenkungswinkel von 15° mit dem Brennpunkt in einem Abstand von 10 λ

Die Ergebnisse für einen linearen Gruppenstrahler in Abb. 4.4 und 4.6 zeigen die Verbesserung der Strahlfokussierung durch die Verwendung zusätzlicher Amplitudenwichtungen.

Daher verwenden wir in diesem Kapitel diese Methode, um die Nebenkeulenunterdrückung auch für die Nahfeldanwendungen der zweidimensionalen planaren Gruppenstrahler zu optimieren. Die asymmetrischen Amplitudenwichtungen werden sowohl parallel zur x- als auch zur z-Achse verwendet.

Die Amplitudenwichtung $a(i)$ wird in konventionelle Koeffizienten $W(m)$ (entweder homogen, binomisch oder Tschebyscheff) und eine zusätzliche asymmetrische Wichtungsfunktion a_{asym} aufgeteilt, die in den Gl. (4.7)–(4.10) definiert ist. Die Phasenverschiebung des Gruppenstrahler-Elements ergibt sich aus $\alpha(i) = \alpha_x(i)$ oder $\alpha(i) = \alpha_z(i)$, abhängig von der Belegung der Gruppenstrahler-Elemente. Die Anpassung der Phasen in drei verschiedenen Abständen gemäß Gl. (4.5) führt zu den in Abb. 4.5 und 4.6 gezeigten Mustern. Der Parameter s ist ein Optimierungsparameter, der individuell zur Minimierung der Nebenkeulenpegel verwendet wird. Abhängig von der Gruppenstrahler-Größe, den Abständen zwischen den Gruppenstrahler-Elementen und den Abständen zum Brennpunkt kann dieser Parameter unterschiedlich variieren [10]. In Abb. 4.6 wird der Parameter s variiert,

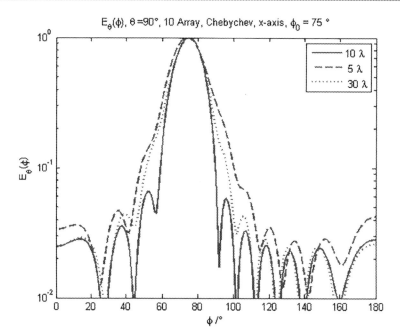

Abb. 4.5 Nahfelddiagramm eines z-orientierten Dipol-Gruppenstrahlers mit Tschebyscheff-Amplitudenwichtung für einen Strahlschwenkungswinkel von 15° mit dem Brennpunkt in einem Abstand von 10 λ, $\theta = 90°$

um unterschiedliche Nebenkeulenunterdrückungseffekte zu erzielen. Der Parameter s wird empirisch und iterativ ermittelt. Die Ergebnisse unter Verwendung der einfachen asymmetrischen Amplitudenwichtung der Gl. (4.8) und (4.9) mit s = 0,15–0,35 sind in Abb. 4.6 dargestellt.

Eine weitere erhebliche Reduzierung der dominanten Nebenkeule bei $\phi = 180°$ erhält man, wenn man die Tschebyscheff-Wichtung mit den vorgeschlagenen asymmetrischen Amplitudenwichtungen [12] kombiniert.

Die Ergebnisse haben gezeigt, dass die asymmetrischen Wichtungskoeffizienten zu einer bemerkenswerten weiteren Reduzierung der Nebenkeulenpegel über einen größeren Bereich führen. Insbesondere die seitwärtigen und rückwärtigen Nebenkeulen („Backfire"), die für die Nahfeldstrahlsteuerung allein durch die Verwendung von Tschebyscheff-Koeffizienten nicht ausreichend reduziert werden können, können auf ein niedrigeres Niveau minimiert werden.

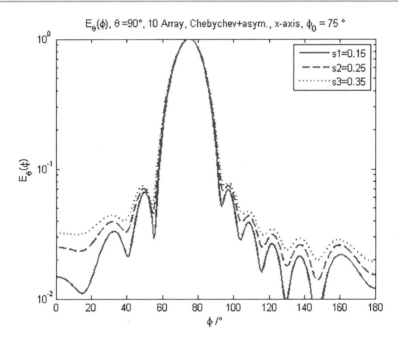

Abb. 4.6 Normalisiertes Richtdiagramm eines z-orientierten Dipol-Gruppenstrahlers mit Tschebyscheff-Amplitudenwichtung und einer zusätzlichen asymmetrischen Amplitudenwichtungsfunktion (s = 0,15–0,35) für einen Strahlschwenkungswinkel von 15°, mit dem Brennpunkt in einem Abstand von 10 λ, $\theta = 90°$

4.3 Simulationsergebnisse für planare Antennen-Gruppenstrahler

Die Ergebnisse der zweidimensionalen Simulation sind in Abb. 4.7, 4.8, 4.9 und 4.10 dargestellt. Es ist offensichtlich, dass der relativ hohe Nebenkeulenpegel homogener Amplitudenwichtung durch binomische Amplitudenwichtung fast vollständig reduziert werden kann, die Strahlbreite jedoch deutlich erhöht wird, wohingegen durch die Verwendung von Tschebyscheff-Wichtung mit zusätzlichen asymmetrischen Amplitudenwichtungen die Strahlbreite schmal bleibt und die Nebenkeulen effizient unterdrückt werden. Auf diese Weise können die besten Ergebnisse der Nahfeldfokussierung erzielt werden.

In diesem Kapitel wurden die Strahlschwenkungseigenschaften planarer Gruppenstrahler im Nahfeld mithilfe einer sehr effizienten Analysemethode untersucht, die auf einer neuen asymmetrischen Amplitudenwichtungsfunktion [12] in Kombination mit Tschebyscheff-Koeffizienten basiert.

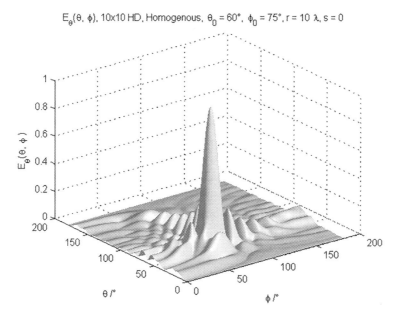

Abb. 4.7 Nahfeldrichtdiagramm eines 10×10 Hertzschen Dipol-Gruppenstrahlers mit homogenen Amplitudenwichtungen für Strahlschwenkungswinkel von $90° - \theta_0 = 30°$ und $90° - \phi_0 = 15°$, mit dem Brennpunkt im Abstand von 10λ

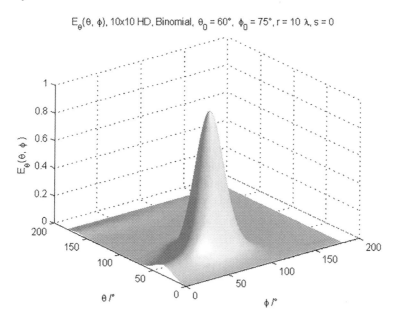

Abb. 4.8 Nahfeldrichtdiagramm eines 10×10 Hertzschen Dipol-Gruppenstrahlers mit binomischen Amplitudenwichtungen für Strahlschwenkungswinkel von $90° - \theta_0 = 30°$ und $90° - \phi_0 = 15°$, mit dem Brennpunkt im Abstand von 10λ

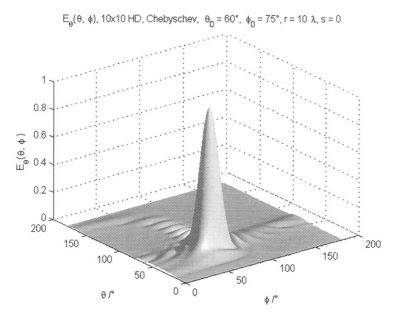

Abb. 4.9 Normalisiertes Richtdiagramm eines 10×10 Hertzschen Dipol-Gruppenstrahlers mit Dolph-Tschebyscheff-Amplitudenwichtungen für Strahlschwenkungswinkel von $90° - \theta_0 = 30°$ und $90° - \phi_0 = 15°$, mit dem Brennpunkt im Abstand von $10\,\lambda$

Die Amplitudenkorrektur unter Verwendung der asymmetrischen Wichtungskoeffizienten reduziert die Nebenkeulen über einen größeren Winkelbereich effizient. Je nach Anforderung an die Strahlformung kann dieses Verfahren mit der bekannten Technik im Fernfeld (binomische oder Tschebyscheff-Amplitudenwichtung) kombiniert werden zur Erzielung bestimmter Strahlungseigenschaften. Der Parameter s kann anhand verschiedener Designparameter des Gruppenstrahlers, wie der Anzahl der Elemente und des Nahfeldbrennpunkts, individuell bestimmt und zur Optimierung der gesamten Nebenkeulenunterdrückung verwendet werden. Die in diesem Kapitel vorgestellte Methode kann verwendet werden, um schnell die optimalen Parameter für dynamische Strahlformungsprobleme für die adaptiven planaren oder konformen Gruppenstrahler bereitzustellen.

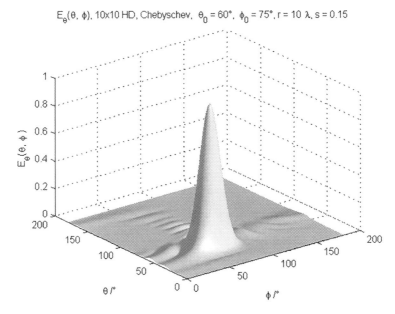

Abb. 4.10 Normalisiertes Richtdiagramm eines 10×10 Hertzschen Dipol-Gruppenstrahlers mit Dolph-Tschebyscheff-Amplitudenwichtungen und zusätzlichen asymmetrischen Amplitudenwichtungsfunktion (s=0,15) für Strahlschwenkungswinkel von $90° - \theta_0 = 30°$ und $90° - \phi_0 = 15°$, wobei der Brennpunkt im Abstand von 10 λ liegt

Literatur

1. R. E. Collin, F. J. Zucker: Antenna Theory, Part 1. McGraw-Hill Book Company (1969).
2. K. F. Lee: Principles of Antenna Theory. John Wiley & Sons Ltd. (1984).
3. B. D. Steinberg, H. M. Subbaram: Microwave Imaging Techniques. John Wiley & Sons, Inc. (1991).
4. R. J. Mailloux: Phased Array Antenna Handbook. Artech House Inc. (1994).
5. L. V. Blake, M. W. Long: Antennas: Fundamentals, Design, Measurement. 3rd Edition. Scitech Publishing, Inc. (2009).
6. D. G. Fang: Antenna Theory and Microstrip Antennas. CRC Press (2010).
7. W. H. Carter: On Refocusing a Radio Telescope to Image Sources in the Near Field of the Antenna Array. IEEE Trans. Antennas Propagat., Vol. 37, pp. 314–319 (1999).
8. A. Badawi, A. Sebak, L. Shafai: Array Near Field Focusing. WESCNEX'97 Proceedings of Conference on Communications, Power and Computing, pp. 242–245 (1997).
9. M. Bogosanovic, A. G. Williamsoni: Antenna Array with Beam Focused in Near Field Zone. Electronics Letters, vol. 39, pp. 704–705 (2005).
10. J. Grubert: A Measurement Technique for Characterization of Vehicles in Wireless Communications. PhD Thesis (in German) of Technical University Hamburg-Harburg, Cuvillier Verlag Goettingen (2006).

11. S. Ebadi, R. V. Gatti, L. Marcaccioli, R. Sorrentinoi: Near Field Focusing in Large Reflector Array Antennas Using 1-bit Digital Phase Shifters. Proceedings of the 39th European Microwave Conference, pp. 1029–1032 (2009).

12. S.-P. Chen: Improved Near Field Focusing of Antenna Arrays with Novel Weighting Coefficients. IEEE WiVeC 2014, 6th International Symposium on Wireless Vehicular Communications (2014).

Konforme Antennen-Gruppenstrahler

5

Nahfeld- und Fernfeldcharakteristika von konformen Antennen-Gruppenstrahlern werden mit sehr effizienten analytischen Methoden untersucht. Im Vergleich dazu wären numerische Methoden, z.B. auf Basis der Momentenmethode, Finite-Elemente-Methode oder Finite Integrationstechnik sehr zeitintensiv. Dies ist insbesondere von Bedeutung beim Entwurfs- und Optimierungsprozess von dynamischen Strahlformungsanwendungen in vielen Nahfeldanwendungen zur Optimierung von Nahfeld-Charakteristika, wie z.B. Halbwertsbreiteneinstellung und Nebenkeulenunterdrückung. Typische konforme Antennen-Gruppenstrahler, die konvex, konkav oder auch planar angeordnet sind, werden miteinander verglichen. Die effiziente, analytische Methode lässt sich auch weiter entwickeln zur Analyse mehrdimensionaler Antennen-Gruppenstrahler.

Die Fernfeldcharakteristik sowie Strahlformungsmethoden werden eingehend in [1, 7] untersucht und diskutiert. Oft kann die Kopplung zwischen benachbarten Elementen vernachlässigt werden, so dass die einfache analytische Methode ausreichend genaue Ergebnisse liefert. Antennen-Gruppenstrahler finden eine weite Anwendung in vielen Bereichen, wie z.B. 5G Mobilkommunikation, MIMO im Zugangsnetz (radio access networks RAN), Radar mit synthetischer Apertur (synthetic aperture radar, SAR), Medizin, Sensor Anwendungen, bildgebende Verfahren oder Radio Astronomie [1, 11].

Fernfeld und Nahfeld werden üblicherweise unterschieden durch die Fernfeld-Entfernungsdefinition. Von Fernfeld spricht man ab einer Entfernung von $r_{min} = 2D^2/\lambda$, wobei D die größte Dimension der Antenne ist und λ die Freiraumwellenlänge. Für die Betrachtungen in diesem Buch, bei der die Anzahl der Antennenelemente $M, N \leq 10$ und $d_x, d_z = \lambda/2$

S.-P. Chen und H. Schmiedel, *Phasengesteuerte Antennen- Gruppenstrahler*, https://doi.org/10.1007/978-3-031-56830-5_5

(siehe Abb. 4.1, 5.1 und 5.2) befindet sich das Nahfeld unter einer Entfernung von 32 λ, obwohl die Prinzipien natürlich allgemeingültig sind, auch für sehr große M und N [12].

Die 1-dimensionalen konformen Antennen-Gruppenstrahler können, wie in Abb. 5.1 und 5.2 beschrieben, aufgebaut sein. Die Kreissegmente der 1-dimensionalen konformen Gruppenstrahler, auf welchen die einzelnen Antennenelemente positioniert werden, werden durch einen Krümmungsradius r_c definiert. Dabei liegt der Mittelpunkt bei konkaver Krümmung bei y_c und bei konvexer Krümmung bei $-y_c$.

Abb. 5.1 zeigt den schematischen Aufbau eines konkaven Gruppenstrahlers mit dem Parameter $+y_c$. Abb. 5.2 zeigt den schematischen Aufbau eines konvexen Antennen Gruppenstrahlers mit dem Parameter $-y_c$.

$$y_c = \sqrt{d^2 - x_{m,max}{}^2}. \tag{5.1}$$

Mit der Koordinate y_m eines Gruppenstrahler-Elements und der Entfernung zwischen diesem Element und des Aufpunkts F(x, y) bei r = 10 λ und $\mathbf{r_s} = \mathbf{r} - \mathbf{r_{mn}}$

$$y_m = \pm(y_c - \sqrt{r_c{}^2 - x_m{}^2}). \tag{5.2}$$

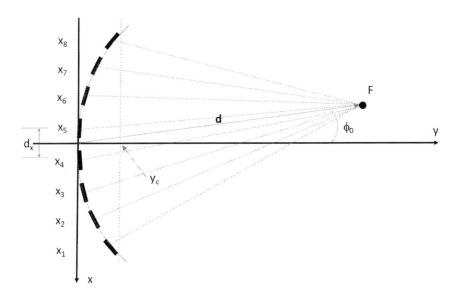

Abb. 5.1 1-dimensionaler konformer konkaver Antennen-Gruppenstrahler

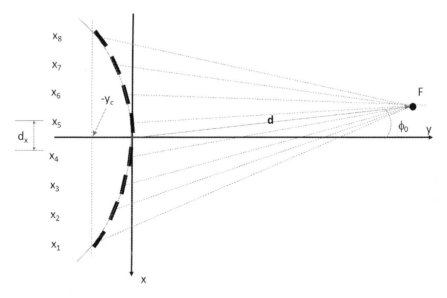

Abb. 5.2 1-dimensionaler konformer konvexer Antennen-Gruppenstrahler

5.1   Strahlformung eines 1-dimensionalen konkaven Antennen-Gruppenstrahlers

Der konkave Patchantennen-Gruppenstrahler nach Abb. 5.3 wird mit der Variation aller Parameter untersucht. Abb. 5.4, 5.5, 5.6, 5.7, 5.8, 5.9, 5.10, 5.11, 5.12, 5.13, 5.14, 5.15, 5.16, 5.17, 5.18, 5.19, 5.20, 5.21, 5.22, 5.23, 5.24, 5.25, 5.26, 5.27, 5.28, 5.29 und 5.30 stellen wieder paarweise die Ergebnisse der analytischen Methode (Simulation) [12, 13] und der praktischen Messungen dar. Die logarithmischen Skalen für die jeweils beiden Darstellungen sind identisch. Das Maximum der Strahlungsdiagramme ist jeweils auf 0 dB normiert. Das Minimum in den Diagrammen liegt bei -30 dB. Man kann, wie zu erwarten, wieder erkennen, dass die starken Nebenkeulen bei homogener Amplitudenwichtung sich beträchtlich mit binomischer und Tschebyscheff-Amplitudenwichtung reduzieren lassen. Im Falle der binomischen Amplitudenwichtung ist die Halbwertsbreite wieder deutlich breiter. Eine Verschmälerung ist wieder möglich durch eine höhere Anzahl von Elementen. Bei den praktischen Messungen im Fernfeld wird wieder ein parabolischer Reflektor eingesetzt, um die Empfindlichkeit des Empfängers, und damit dessen Dynamik, zu erhöhen.

Die Messergebnisse in den Abb. 5.4–5.30 bestätigen wieder die Simulationsergebnisse für die konkaven Antennen-Gruppenstrahler. Typischerweise zeigen die Messungen etwas höhere Nebenzipfel als die Simulationen. Dies liegt vermutlich an kleinen Phasenfehlern im experimentellen Aufbau sowie an Reflexionen an der Antennenbefestigung und Reflexionen von der Seite, die nicht ausreichend unterdrückt sind. Als wesentliches Ergebnis sehen wir, dass die Ergebnisse im Wesentlichen die Ergebnisse der linearen Antennen-

Abb. 5.3 Eindimensionaler konformer konkaver Antennen-Gruppenstrahler

35. concave ho 0

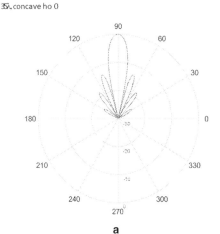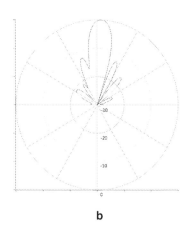

a   b

Abb. 5.4 Fernfeldcharakteristik eines konkaven Patchantennen-Gruppenstrahlers, d = 35 λ, homogene Amplitudenwichtung, Strahlschwenkung 0°. **a**) Simulation; **b**) Messung

Gruppenstrahler widerspiegeln. (Anmerkung: Im Gegensatz zu Untersuchungen für lineare Antennen-Gruppenstrahler sind hier die Schwenkwinkel negativ angesetzt.) Als Ergebnis lässt sich festhalten, dass eine beliebige Kontur verwendet werden kann, auf der die Antennenelemente dann platziert werden. Lediglich die Phasen müssen entsprechend korrigiert werden. Ein interessanter Spezialfall ist d = 10 λ, da der Radius der Kontur ebenfalls 10 λ beträgt. Die Empfangsantenne sitzt in diesem Fall exakt im Mittelpunkt eines Kreises, auf dessen Umfangsabschnitt die Antennenelemente angebracht sind. Mit gleicher Phase für alle Antennenelemente erhalten wir fast das gleiche Antennenrichtdiagramm, wie für den linearen Antennen-Gruppenstrahler im Fernfeld.

35λ concave ho -15

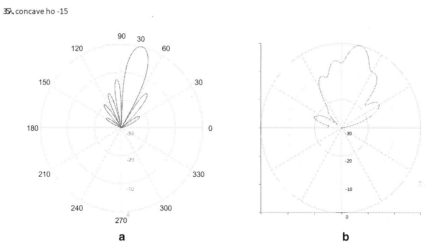

Abb. 5.5 Fernfeldcharakteristik eines konkaven Patchantennen-Gruppenstrahlers, d = 35 λ, homogene Amplitudenwichtung, Strahlschwenkung −15°. **a**) Simulation; **b**) Messung

35λ concave ho -30

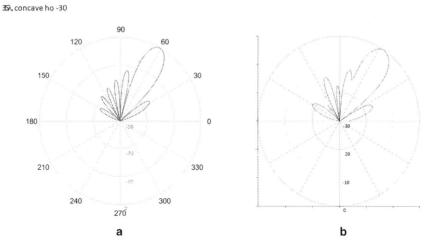

Abb. 5.6 Fernfeldcharakteristik eines konkaven Patchantennen-Gruppenstrahlers, d = 35 λ, homogene Amplitudenwichtung, Strahlschwenkung −30°. **a**) Simulation; **b**) Messung

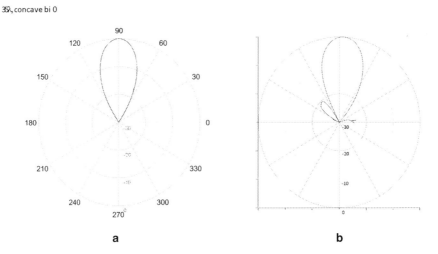

Abb. 5.7 Fernfeldcharakteristik eines konkaven Patchantennen-Gruppenstrahlers, d = 35 λ, binomische Amplitudenwichtung, Strahlschwenkung 0°. **a**) Simulation; **b**) Messung

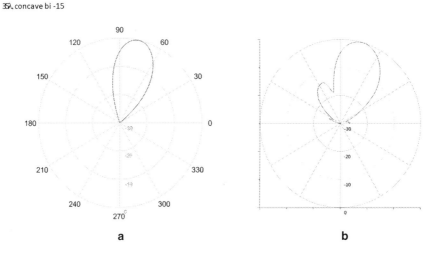

Abb. 5.8 Fernfeldcharakteristik eines konkaven Patchantennen-Gruppenstrahlers, d = 35 λ, binomische Amplitudenwichtung, Strahlschwenkung −15°. **a**) Simulation; **b**) Messung

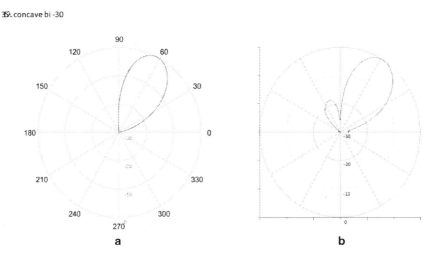

Abb. 5.9 Fernfeldcharakteristik eines konkaven Patchantennen-Gruppenstrahlers, d = 35 λ, binomische Amplitudenwichtung, Strahlschwenkung −30°. **a**) Simulation; **b**) Messung

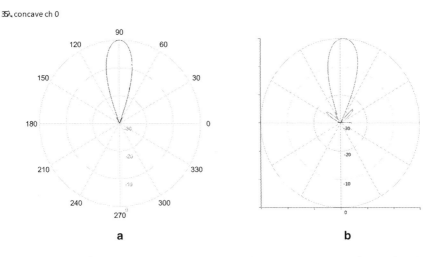

Abb. 5.10 Fernfeldcharakteristik eines konkaven Patchantennen-Gruppenstrahlers, d = 35 λ, Tschebyscheff-Amplitudenwichtung, Strahlschwenkung 0°. **a**) Simulation; **b**) Messung

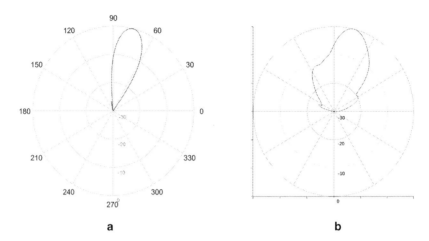

a   b

Abb. 5.11 Fernfeldcharakteristik eines konkaven Patchantennen-Gruppenstrahlers, d = 35 λ, Tschebyscheff-Amplitudenwichtung, Strahlschwenkung −15°. **a**) Simulation; **b**) Messung

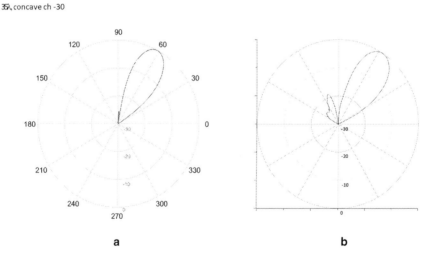

a   b

Abb. 5.12 Fernfeldcharakteristik eines konkaven Patchantennen-Gruppenstrahlers, d = 35 λ, Tschebyscheff-Amplitudenwichtung, Strahlschwenkung −30°. **a**) Simulation; **b**) Messung

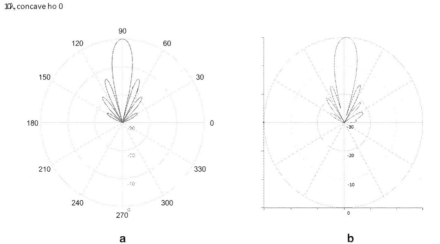

Abb. 5.13 Nahfeldcharakteristik eines konkaven Patchantennen-Gruppenstrahlers, d = 10 λ, homogene Amplitudenwichtung, Strahlschwenkung 0°. **a**) Simulation; **b**) Messung

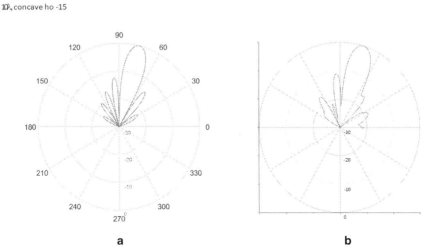

Abb. 5.14 Nahfeldcharakteristik eines konkaven Patchantennen-Gruppenstrahlers, d = 10 λ, homogene Amplitudenwichtung, Strahlschwenkung −15°. **a**) Simulation; **b**) Messung

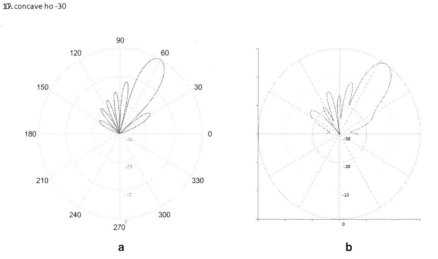

Abb. 5.15 Nahfeldcharakteristik eines konkaven Patchantennen-Gruppenstrahlers, d = 10 λ, homogene Amplitudenwichtung, Strahlschwenkung −30°. **a**) Simulation; **b**) Messung

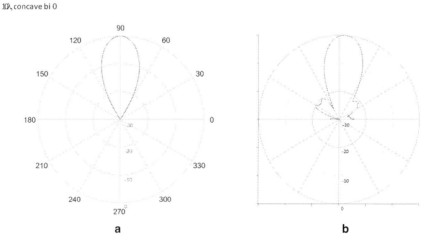

Abb. 5.16 Nahfeldcharakteristik eines konkaven Patchantennen-Gruppenstrahlers, d = 10 λ, binomische Amplitudenwichtung, Strahlschwenkung 0°. **a**) Simulation; **b**) Messung

10λ concave bi -15

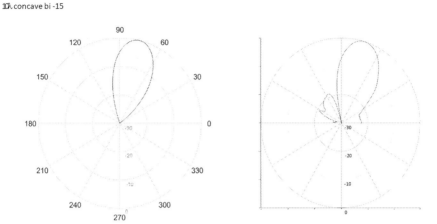

a   b

Abb. 5.17 Nahfeldcharakteristik eines konkaven Patchantennen-Gruppenstrahlers, d = 10 λ, binomische Amplitudenwichtung, Strahlschwenkung −15°. **a**) Simulation; **b**) Messung

10λ, concave bi -30

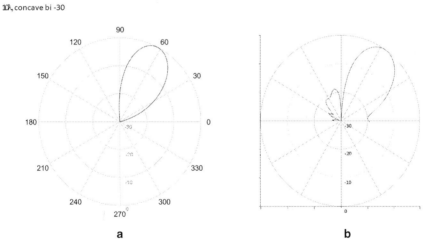

a   b

Abb. 5.18 Nahfeldcharakteristik eines konkaven Patchantennen-Gruppenstrahlers, d = 10 λ, binomische Amplitudenwichtung, Strahlschwenkung −30°. **a**) Simulation; **b**) Messung

10λ concave ch 0

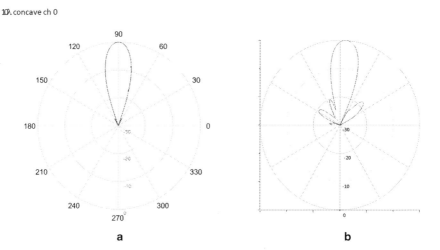

a   b

Abb. 5.19 Nahfeldcharakteristik eines konkaven Patchantennen-Gruppenstrahlers, d = 10 λ, Tschebyscheff-Amplitudenwichtung, Strahlschwenkung 0°. **a**) Simulation; **b**) Messung

10λ concave ch 15

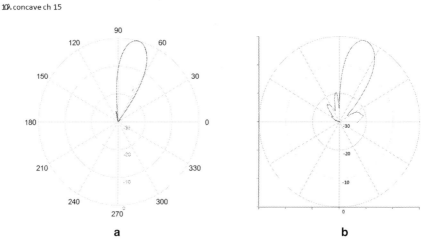

a   b

Abb. 5.20 Nahfeldcharakteristik eines konkaven Patchantennen-Gruppenstrahlers, d = 10 λ, Tschebyscheff-Amplitudenwichtung, Strahlschwenkung −15°. **a**) Simulation; **b**) Messung

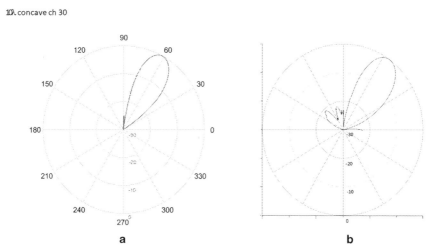

Abb. 5.21 Nahfeldcharakteristik eines konkaven Patchantennen-Gruppenstrahlers, d = 10 λ, Tschebyscheff-Amplitudenwichtung, Strahlschwenkung −30°. **a**) Simulation; **b**) Messung

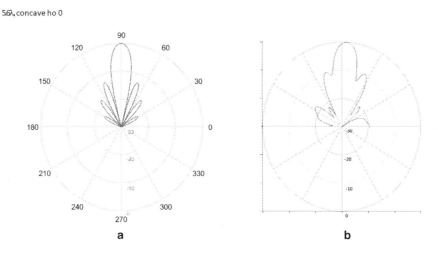

Abb. 5.22 Nahfeldcharakteristik eines konkaven Patchantennen-Gruppenstrahlers, d = 5.6 λ, homogene Amplitudenwichtung, Strahlschwenkung 0°. **a**) Simulation; **b**) Messung

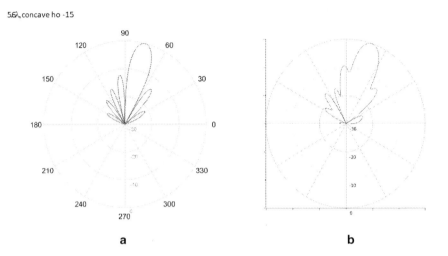

Abb. 5.23 Nahfeldcharakteristik eines konkaven Patchantennen-Gruppenstrahlers, d = 5.6 λ, homogene Amplitudenwichtung, Strahlschwenkung −15°. **a**) Simulation; **b**) Messung

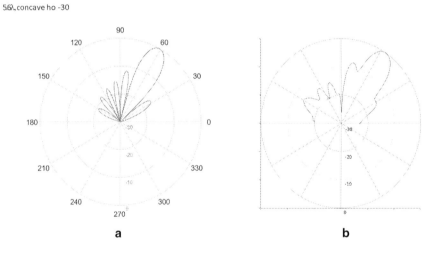

Abb. 5.24 Nahfeldcharakteristik eines konkaven Patchantennen-Gruppenstrahlers, d = 5.6 λ, homogene Amplitudenwichtung, Strahlschwenkung −30°. **a**) Simulation; **b**) Messung

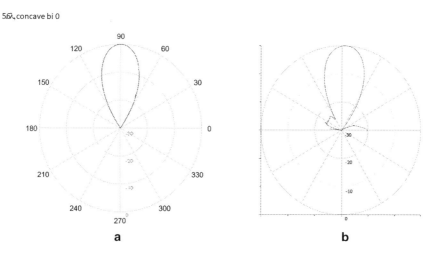

Abb. 5.25 Nahfeldcharakteristik eines konkaven Patchantennen-Gruppenstrahlers, d = 5.6 λ, bino-mische Amplitudenwichtung, Strahlschwenkung 0°. **a**) Simulation; **b**) Messung

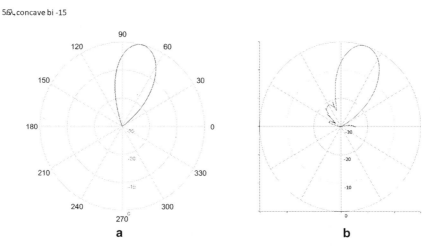

Abb. 5.26 Nahfeldcharakteristik eines konkaven Patchantennen-Gruppenstrahlers, d = 5.6 λ, bino-mische Amplitudenwichtung, Strahlschwenkung −15°. **a**) Simulation; **b**) Messung

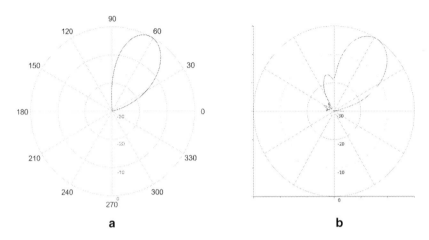

Abb. 5.27 Nahfeldcharakteristik eines konkaven Patchantennen-Gruppenstrahlers, d = 5.6 λ, bino-mische Amplitudenwichtung, Strahlschwenkung −30°. **a**) Simulation; **b**) Messung

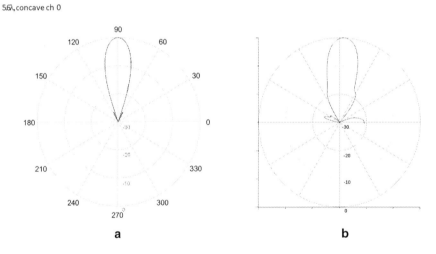

Abb. 5.28 Nahfeldcharakteristik eines konkaven Patchantennen-Gruppenstrahlers, d = 5.6 λ, Tschebyscheff-Amplitudenwichtung, Strahlschwenkung 0°. **a**) Simulation; **b**) Messung

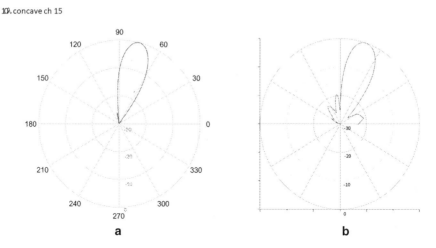

Abb. 5.29 Nahfeldcharakteristik eines konkaven Patchantennen-Gruppenstrahlers, d = 5.6 λ, Tschebyscheff-Amplitudenwichtung, Strahlschwenkung −15°. **a**) Simulation; **b**) Messung

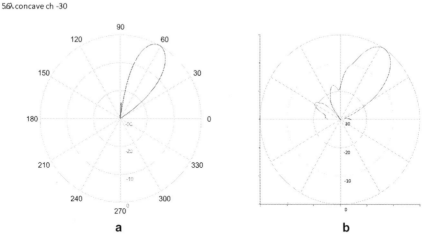

Abb. 5.30 Nahfeldcharakteristik eines konkaven Patchantennen-Gruppenstrahlers, d = 5.6 λ, Tschebyscheff-Amplitudenwichtung, Strahlschwenkung −30°. **a**) Simulation; **b**) Messung

5.2   Strahlformung eines 1-dimensionalen konvexen Antennen-Gruppenstrahlers

Der konvexe Patchantennen-Gruppenstrahler nach Abb. 5.31 wird mit der Variation aller Parameter untersucht. Abb. 5.32, 5.33, 5.34, 5.35, 5.36, 5.37, 5.38, 5.39, 5.40, 5.41, 5.42, 5.43, 5.44, 5.45, 5.46, 5.47, 5.48, 5.49, 5.50, 5.51, 5.52, 5.53, 5.54, 5.55,5.56, 5.57 und 5.58 stellen wieder paarweise die Ergebnisse der analytischen Methode (Simulation) [12, 13] und der praktischen Messungen dar. Die logarithmischen Skalen für die jeweils beiden Darstellungen sind identisch. Das Maximum der Strahlungsdiagramme ist jeweils auf 0 dB normiert. Das Minimum in den Diagrammen liegt bei -30 dB. Man kann, wie zu erwarten, wieder erkennen, dass sich die starken Nebenkeulen bei homogener Amplitudenwichtung mit binomischer und Tschebyscheff-Amplitudenwichtung beträchtlich reduzieren lassen. Im Falle der binomischen Amplitudenwichtung ist die Halbwertsbreite wieder deutlich breiter. Eine Verschmälerung ist wieder möglich durch eine höhere Anzahl von Elementen. Bei den praktischen Messungen im Fernfeld wird wieder ein parabolischer Reflektor eingesetzt, um die Empfindlichkeit des Empfängers, und damit dessen Dynamik, zu erhöhen.

Die Messergebnisse in den Abb. 5.32, 5.33, 5.34, 5.35, 5.36, 5.37, 5.38, 5.39, 5.40, 5.41, 5.42, 5.43, 5.44, 5.45, 5.46, 5.47, 5.48, 5.49, 5.50, 5.51, 5.52, 5.53, 5.54, 5.55,5.56, 5.57 und 5.58 bestätigen wieder die Simulationsergebnisse für die konkaven Antennen Gruppenstrahler. Typischerweise zeigen die Messungen etwas höhere Nebenzipfel als die Simulationen. Dies liegt vermutlich an kleinen Phasenfehlern im experimentellen Aufbau sowie an Reflexionen an der Antennenbefestigung und Reflexionen von der Seite, die nicht ausreichend unterdrückt sind. Als wesentliches Ergebnis sehen wir, dass die Ergebnisse im Wesentlichen die Ergebnisse der linearen Antennen-Gruppenstrahler widerspiegeln. Als Ergebnis lässt sich festhalten, dass eine beliebige Kontour, auf der die Antennenelemente dann platziert werden, verwendet werden kann. Lediglich die Phasen müssen entsprechend korrigiert werden.

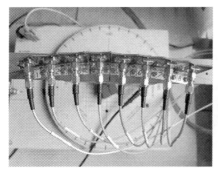

Abb. 5.31 1-dimensionaler konformer konvexer Antennen Gruppenstrahler

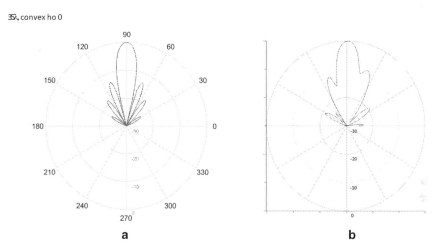

Abb. 5.32 Fernfeldcharakteristik eines konvexen Patchantennen-Gruppenstrahlers, d = 35 λ, homogene Amplitudenwichtung, Strahlschwenkung 0°. **a**) Simulation; **b**) Messung

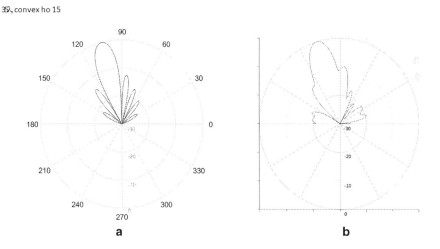

Abb. 5.33 Fernfeldcharakteristik eines konvexen Patchantennen-Gruppenstrahlers, d = 35 λ, homogene Amplitudenwichtung, Strahlschwenkung 15°. **a**) Simulation; **b**) Messung

Die Betrachtung dieses konvexen Antennen-Gruppenstrahlers ist von besonderem Interesse, da mit Einsatz mehrerer Segmente dieser Anordnung ein Kreisbogen realisiert werden kann, der eine 360°-Rundum-Strahlungscharakteristik erlaubt.

35λ, convex ho 30

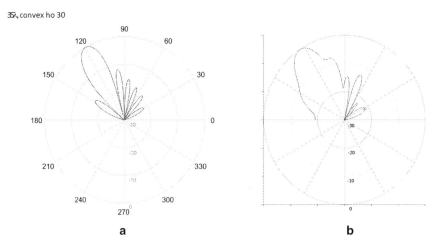

a   b

Abb. 5.34 Fernfeldcharakteristik eines konvexen Patchantennen-Gruppenstrahlers, d = 35 λ, homogene Amplitudenwichtung, Strahlschwenkung 30°. **a**) Simulation; **b**) Messung

35λ, convex bi 0

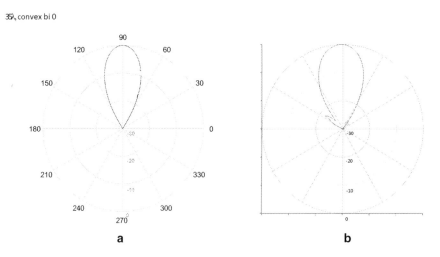

a   b

Abb. 5.35 Fernfeldcharakteristik eines konvexen Patchantennen-Gruppenstrahlers, d = 35 λ, binomische Amplitudenwichtung, Strahlschwenkung 0°. **a**) Simulation; **b**) Messung

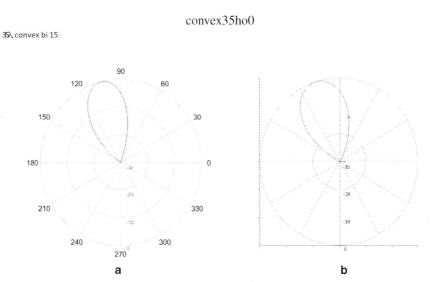

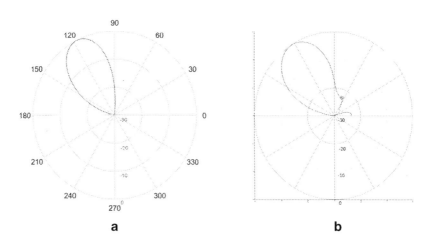

Abb. 5.36 Fernfeldcharakteristik eines konvexen Patchantennen-Gruppenstrahlers, d = 35 λ, binomische Amplitudenwichtung, Strahlschwenkung 15°. **a**) Simulation; **b**) Messung

Abb. 5.37 Fernfeldcharakteristik eines konvexen Patchantennen-Gruppenstrahlers, d = 35 λ, binomische Amplitudenwichtung, Strahlschwenkung 30°. **a**) Simulation; **b**) Messung

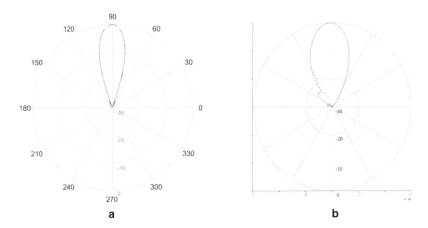

a   b

Abb. 5.38 Fernfeldcharakteristik eines konvexen Patchantennen-Gruppenstrahlers, d = 35 λ, Tschebyscheff-Amplitudenwichtung, Strahlschwenkung 0°. **a**) Simulation; **b**) Messung

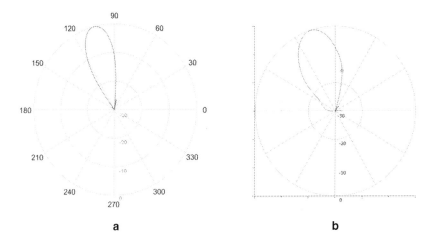

a   b

Abb. 5.39 Fernfeldcharakteristik eines konvexen Patchantennen-Gruppenstrahlers, d = 35 λ, Tschebyscheff-Amplitudenwichtung, Strahlschwenkung 15°. **a**) Simulation; **b**) Messung

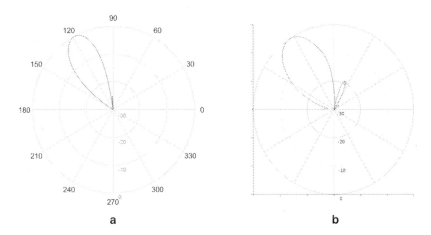

a   b

Abb. 5.40 Fernfeldcharakteristik eines konvexen Patchantennen-Gruppenstrahlers, d = 35 λ, Tschebyscheff-Amplitudenwichtung, Strahlschwenkung 30°. **a**) Simulation; **b**) Messung

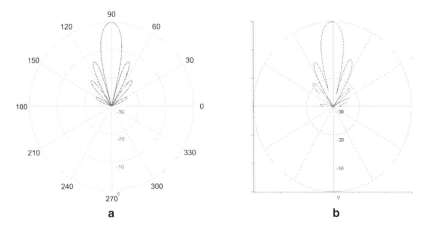

a   b

Abb. 5.41 Nahfeldcharakteristik eines konvexen Patchantennen-Gruppenstrahlers, d = 10 λ, homogene Amplitudenwichtung, Strahlschwenkung 0°. **a**) Simulation; **b**) Messung

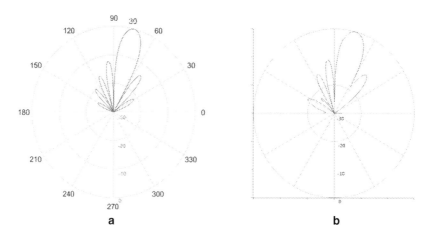

a   b

Abb. 5.42 Nahfeldcharakteristik eines konvexen Patchantennen-Gruppenstrahlers, d = 10 λ, homogene Amplitudenwichtung, Strahlschwenkung −15°. **a**) Simulation; **b**) Messung

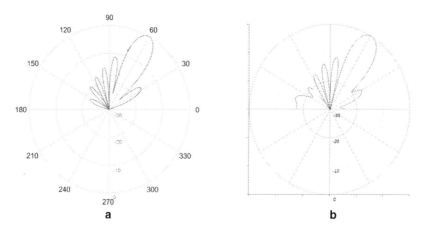

a   b

Abb. 5.43 Nahfeldcharakteristik eines konvexen Patchantennen-Gruppenstrahlers, d = 10 λ, homogene Amplitudenwichtung, Strahlschwenkung −30°. **a**) Simulation; **b**) Messung

10λ, convex bi 0

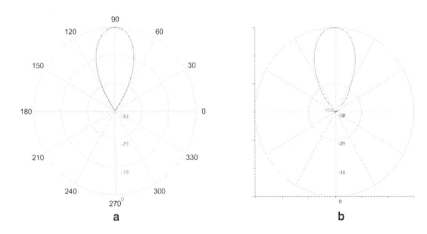

a   b

Abb. 5.44 Nahfeldcharakteristik eines konvexen Patchantennen-Gruppenstrahlers, d = 10 λ, binomische Amplitudenwichtung, Strahlschwenkung 0°. **a**) Simulation; **b**) Messung

10λ, convex bi -15

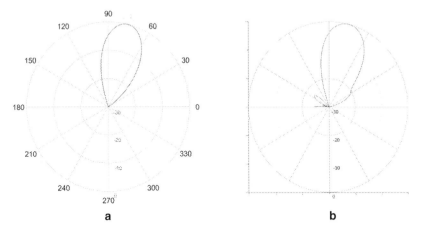

a   b

Abb. 5.45 Nahfeldcharakteristik eines konvexen Patchantennen-Gruppenstrahlers, d = 10 λ, binomische Amplitudenwichtung, Strahlschwenkung −15°. **a**) Simulation; **b**) Messung

10λ, convex bi 30

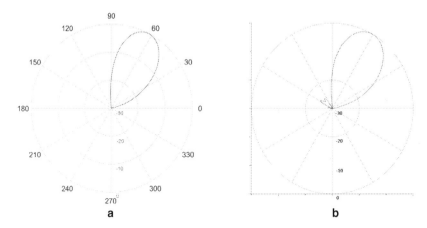

Abb. 5.46 Nahfeldcharakteristik eines konvexen Patchantennen-Gruppenstrahlers, d = 10 λ, binomische Amplitudenwichtung, Strahlschwenkung −30°. **a**) Simulation; **b**) Messung

10λ, convex ch 0

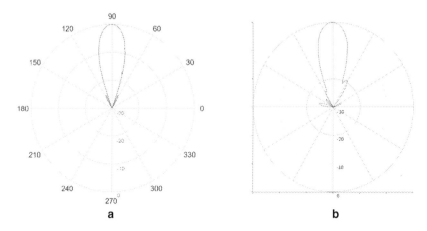

Abb. 5.47 Nahfeldcharakteristik eines konvexen Patchantennen-Gruppenstrahlers, d = 10 λ, Tschebyscheff-Amplitudenwichtung, Strahlschwenkung 0°. **a**) Simulation; **b**) Messung

10λ, convex ch -15

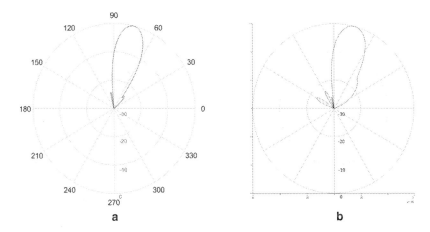

Abb. 5.48 Nahfeldcharakteristik eines konvexen Patchantennen-Gruppenstrahlers, d = 10 λ, Tschebyscheff-Amplitudenwichtung, Strahlschwenkung −15°. **a**) Simulation; **b**) Messung

10λ, convex ch -30

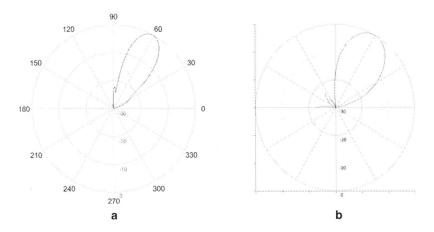

Abb. 5.49 Nahfeldcharakteristik eines konvexen Patchantennen-Gruppenstrahlers, d = 10 λ, Tschebyscheff-Amplitudenwichtung, Strahlschwenkung −30°. **a**) Simulation; **b**) Messung

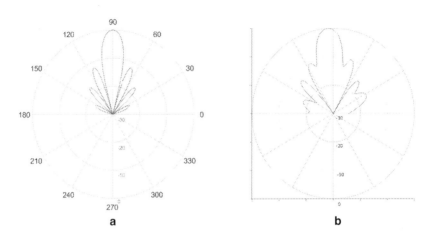

a   b

Abb. 5.50 Nahfeldcharakteristik eines konvexen Patchantennen-Gruppenstrahlers, d = 5.6 λ, homogene Amplitudenwichtung, Strahlschwenkung 0°. **a**) Simulation; **b**) Messung

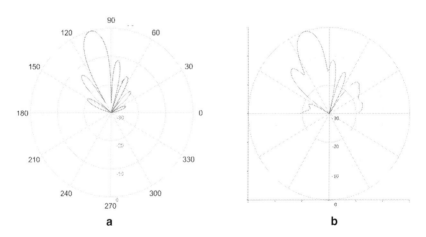

a   b

Abb. 5.51 Nahfeldcharakteristik eines konvexen Patchantennen-Gruppenstrahlers, d = 5.6 λ, homogene Amplitudenwichtung, Strahlschwenkung 15°. **a**) Simulation; **b**) Messung

5.6λ convex ho 30

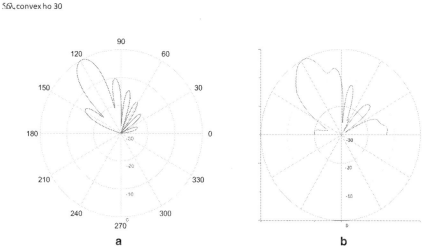

Abb. 5.52 Nahfeldcharakteristik eines konvexen Patchantennen-Gruppenstrahlers, d = 5.6 λ, homogene Amplitudenwichtung, Strahlschwenkung 30°. **a**) Simulation; **b**) Messung

5.6λ convex bi 0

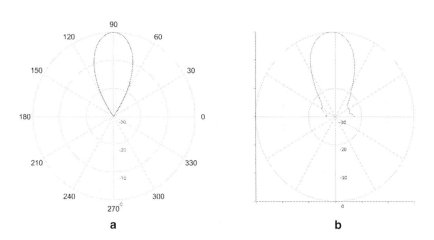

Abb. 5.53 Nahfeldcharakteristik eines konvexen Patchantennen-Gruppenstrahlers, d = 5.6 λ, binomische Amplitudenwichtung, Strahlschwenkung 0°. **a**) Simulation; **b**) Messung

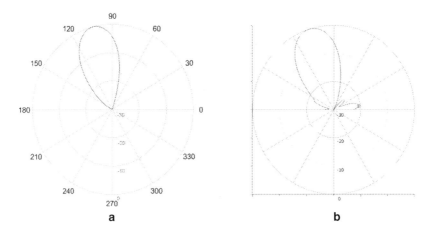

Abb. 5.54 Nahfeldcharakteristik eines konvexen Patchantennen-Gruppenstrahlers, d = 5.6 λ, binomische Amplitudenwichtung, Strahlschwenkung 15°. **a)** Simulation; **b)** Messung

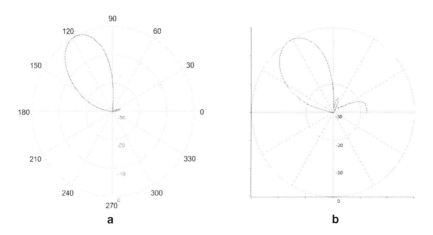

Abb. 5.55 Nahfeldcharakteristik eines konvexen Patchantennen-Gruppenstrahlers, d = 5.6 λ, binomische Amplitudenwichtung, Strahlschwenkung 30°. **a)** Simulation; **b)** Messung

5.6λ convex ch 0

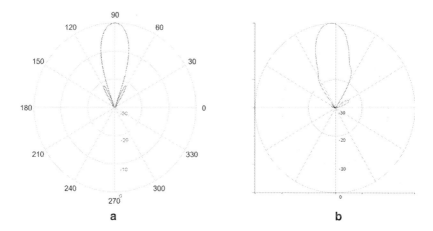

Abb. 5.56 Nahfeldcharakteristik eines konvexen Patchantennen-Gruppenstrahlers, d = 5.6 λ, Tschebyscheff-Amplitudenwichtung, Strahlschwenkung 0°. **a**) Simulation; **b**) Messung

5.6λ convex ch 15

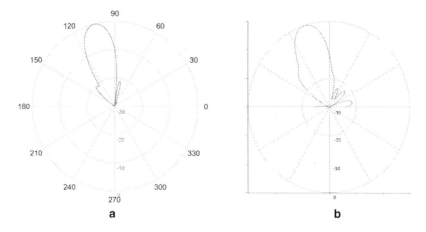

Abb. 5.57 Nahfeldcharakteristik eines konvexen Patchantennen-Gruppenstrahlers, d = 5.6 λ, Tschebyscheff-Amplitudenwichtung, Strahlschwenkung 15°. **a**) Simulation; **b**) Messung

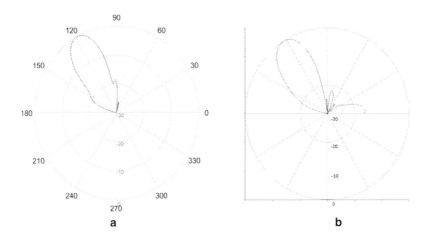

Abb. 5.58 Nahfeldcharakteristik eines konvexen Patchantennen-Gruppenstrahlers, d = 5.6 λ, Tschebyscheff-Amplitudenwichtung, Strahlschwenkung 30°. **a**) Simulation; **b**) Messung

5.3   Strahlformung der 2-dimensionalen konformen Antennen-Gruppenstrahler

Ein planarer Antennengruppenstrahler, als ein Sonderfall eines konformen Antennengruppenstrahlers, ist schematisch in Abb. 4.1 und 5.60 dargestellt, wobei x_m und z_n die x- und z-Koordinate des einzelnen Antennenelements sind. Die Mitte des Gruppenstrahlers und der Aufpunkt $F(x_F, y_F, z_F)$ bilden den Strahlschwenkungswinkel θ_0 oder ϕ_0. $\mathbf{r_F} - \mathbf{r_{mn}}$ ist der Vektor zwischen dem Element (x_m, y_{mn}, z_n) und dem Aufpunkt $F(x_F, y_F, z_F)$. $\mathbf{r_{mn}}$ ist der Vektor, der vom Koordinatenursprung $(0, 0, 0)$ als Referenzpunkt des Antennen-Gruppenstrahlers auf das Antennenelement zeigt. Ebenso kann der Vektor für einen Abstand zwischen dem Antennenelement und einem beliebigen Aufpunkt bei 10 λ definiert werden. Genauer gesagt ist der Strahlschwenkungswinkel der Winkel in Bezug auf die Hauptkeule in y-Richtung. Unter Vernachlässigung der Kopplungseffekte zwischen den Antennenelementen können konforme Gruppenstrahler durch einfache Überlagerung der Strahlungsmuster aller Gruppenelemente [12] untersucht werden.

Wenn $y_{mn} \neq 0$ ist, erhalten wir die konformen Antennen-Gruppenstrahler (Abb. 5.61 und 5.62). Die Krümmung des konformen Gruppenstrahler-Profils, auf dem die einzelnen Hertzschen Dipole oder Patchantennenelemente positioniert sind, kann durch einen Krümmungsradius r_c mit entsprechenden Mittelpunkten bei y_c (konkav) oder $-y_c$ (konvex) definiert werden.

$$y_c = \sqrt{r_c{}^2 - x_{m,max}{}^2 - z_{n,max}{}^2}. \tag{5.3}$$

Abb. 5.59 Planarer M×N Gruppenstrahler in der x-z-Ebene mit dem Aufpunkt $F(x_F, y_F, z_F)$

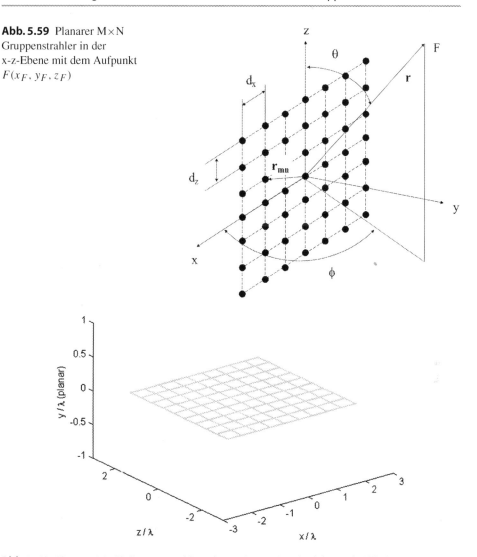

Abb. 5.60 Planarer M×N Gruppenstrahler mit $y_{mn}(x_m, z_n) = 0$, siehe auch Abb. 4.1

Die Koordinate y_{mn} des Antennelements und der Abstand von jedem einzelnen Antennenelement zum Aufpunkt P(x, y, z) bei r = 10 λ $\mathbf{r_s} = \mathbf{r} - \mathbf{r_{mn}}$ kann dann berechnet werden als

$$y_{mn} = \pm(y_c - \sqrt{r_c^2 - x_m^2 - z_n^2}), \tag{5.4}$$

$$x_r = r \cdot \sin(\theta) \cdot \cos(\phi), \tag{5.5}$$

$$y_r = r \cdot \sin(\theta) \cdot \sin(\phi), \tag{5.6}$$

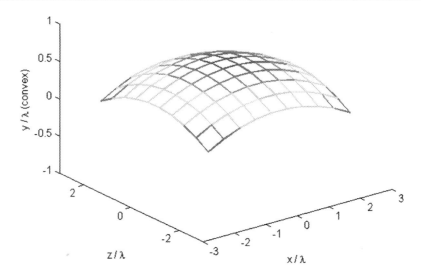

Abb. 5.61 Konvexer konformer M×N Gruppenstrahler mit $y_{mn}(x_m, z_n) > 0$

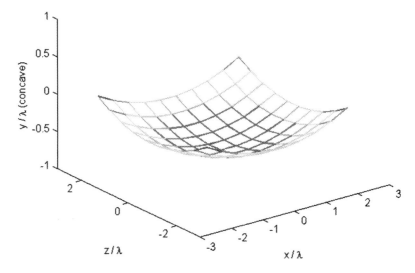

Abb. 5.62 Konkaver konformer M×N Gruppenstrahler mit $y_{mn}(x_m, z_n) < 0$

$$z_r = r \cdot \cos(\theta), \tag{5.7}$$

$$r_s = \sqrt{(x_r - x_m)^2 - (y_r - y_{mn})^2 - (z_r - z_n)^2}. \tag{5.8}$$

Die Nahfeldeigenschaften dieser Art von konformen Antennen-Gruppenstrahlern können entweder mit numerischen Methoden oder wieder mit der analytischen Methode analysiert werden. Dabei werden alle Strahlungsfelder, die sich aus allen Gruppenstrahler-Elementen ergeben, überlagert. Für planare Antennenstrukturen wurde dies schon ausführlich in den letzten Kapiteln beschrieben.

5.4   Vergleich für konvexes, konkaves und planares Profil

Zunächst werden verschiedene 10×10 konforme Hertzsche Dipolanordnungen (konkav, konvex und planar) für unterschiedliche Strahlschwenkungswinkel analysiert, d. h. $\theta_0 = 75°$ und $\phi_0 = 60°$ mit dem Aufpunkt, der auf einen Abstand von 10 λ ausgelegt ist, um die typischen Strahlungseigenschaften mit homogenen Amplitudenwichtungen, binomischer und mit asymmetrischer Wichtungsfunktion zu zeigen, vorgeschlagen in [10, 12, 13] in Kombination mit Tschebyscheff-Amplitudenwichtung in diesem Buch, um eine optimale Nebenkeulenunterdrückung speziell für die asymmetrische Strahlschwenkung bereitzustellen (Abb. 5.63, 5.64, 5.65 und 5.66). Der Parameter s [12, 13] kann anhand von verschiedenen Designparametern des Gruppenstrahlers individuell bestimmt werden, wie beispielsweise der Anzahl der Elemente und dem Abstand zum Aufpunkt, und kann zur Optimierung der gesamten Nebenkeulenunterdrückung verwendet werden.

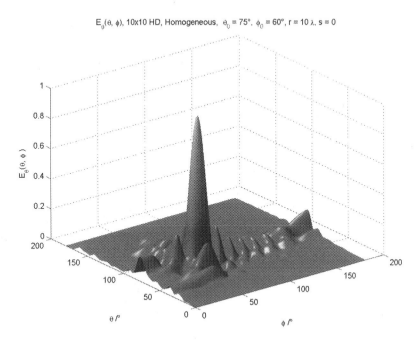

Abb. 5.63 Nahfeld-Richtdiagramm einer konvexen 10×10 Hertzschen Dipolanordnung mit homogenen Amplitudenwichtungen für Strahlschwenkungswinkel von $90° - \theta_0 = 15°$ und $90° - \phi_0 = 30°$, mit dem Aufpunkt im Abstand von 10 λ, $r_c = 9$ λ

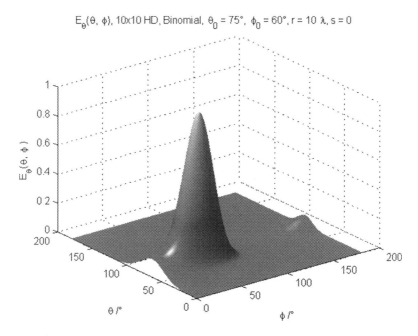

Abb. 5.64 Nahfeld-Richtdiagramm einer konvexen 10×10 Hertzschen Dipolanordnung mit binomischen Amplitudenwichtungen für Strahlschwenkungswinkel von $90° - \theta_0 = 15°$ und $90° - \phi_0 = 30°$, mit dem Aufpunkt im Abstand von $10\,\lambda$, $r_c = 9\,\lambda$

Die Ergebnisse für einen linearen Gruppenstrahler im letzten Kapitel zeigen die Verbesserung der Strahlfokussierung durch die Verwendung zusätzlicher asymmetrischer Amplitudenwichtung zusätzlich zur Tschebyscheff-Amplitudenwichtung umfassender.

Daher verwenden wir in diesem Kapitel diese Methode, um die Nebenkeulenunterdrückung auch für die Nahfeldanwendungen der zweidimensionalen konformen Antennen-Gruppenstrahler zu optimieren. Die asymmetrischen Amplitudenwichtungen werden sowohl parallel zur x- als auch zur z-Achse verwendet.

Das Amplitudenwichtung $a(i)$ wird in konventionelle Koeffizienten $W(m)$ (entweder homogene, binomische oder Tschebyscheff-Amplitudenwichtung) und eine zusätzliche asymmetrische Wichtungsfunktion a_{asym} aufgeteilt, die in den Gl. (4.7)–(4.10) definiert ist. Die Phasenverschiebung des Antennenelements ergibt sich aus $\alpha(i) = \alpha_x(i)$ oder $\alpha(i) = \alpha_z(i)$, abhängig von der Belegung der Antennenelemente. Die Anpassung der Phasen an die verschiedenen Abstände, gemäß den Gl. (4.5) und (4.6), führt zu den in Abb. 4.7–4.10 gezeigten Mustern. Der Parameter s ist ein Optimierungsparameter, der individuell zur Minimierung der Nebenkeulenpegel verwendet wird. Abhängig von der Gruppenstrahler-Größe, den Abständen zwischen den Gruppenstrahler-Elementen und den Abständen zum Aufpunkt kann dieser s-Parameter unterschiedlich [10] variieren. In Abb. 4.10 wird der Parameter s variiert, um unterschiedliche Nebenkeulenunterdrückungseffekte zu erzielen. Der

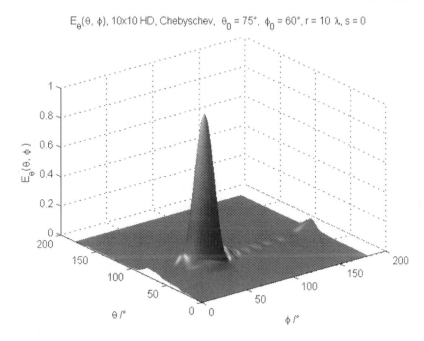

Abb. 5.65 Normiertes Richtdiagramm einer konvexen 10×10 Hertzschen Dipolanordnung mit Tschebyscheff-Amplitudenwichtungen für Strahlschwenkungswinkel von $90° - \theta_0 = 15°$ und $90° - \phi_0 = 30°$, mit dem Aufpunkt im Abstand von $10\,\lambda$, $r_c = 9\,\lambda$

Parameter s wird empirisch und iterativ ermittelt. Die Ergebnisse unter Verwendung der einfachen asymmetrischen Amplitudenwichtung der Gl. (4.7)–(4.10) mit s = 0,15–0,35 sind in Abb. 4.10 dargestellt.

Eine weitere erhebliche Reduzierung der dominanten Nebenkeule bei $\phi = 180°$ erhält man, wenn man die Tschebyscheff-Amplitudenwichtung mit den vorgeschlagenen asymmetrischen Amplitudenwichtungen [12] kombiniert.

Die Ergebnisse haben gezeigt, dass die asymmetrischen Wichtungskoeffizienten zu einer bemerkenswerten weiteren Reduzierung der Nebenkeulenpegel über einen größeren Bereich führen. Insbesondere die seitwärtigen und rückwärtigen Nebenkeulen („Backfire"), die für die Nahfeldstrahlschwenkung durch die Verwendung von Tschebyscheff-Amplitudenwichtungen nicht ausreichend reduziert werden können, können auf ein niedrigeres Niveau minimiert werden.

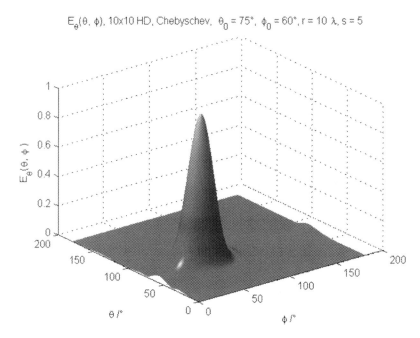

Abb. 5.66 Normiertes Richtdiagramm einer konvexen 10×10 Hertzschen Dipolanordnung mit Tschebyscheff-Amplitudenwichtungen und zusätzlichen asymmetrischen Amplitudenwichtungen (s=5) für Strahlschwenkungswinkel von $90° - \theta_0 = 15°$ und $90° - \phi_0 = 30°$, mit dem Aufpunkt im Abstand von $10\,\lambda$, $r_c = 9\,\lambda$

5.5 Simulationsergebnisse für konforme Antennen-Gruppenstrahler

Der relativ hohe Nebenkeulenpegel homogener Amplitudenwichtungen kann durch binomische Amplitudenwichtungen fast vollständig reduziert werden, die Strahlbreite wird jedoch deutlich vergrößert, wohingegen durch die Verwendung von Tschebyscheff mit zusätzlichen asymmetrischen Amplitudenwichtungen die Strahlbreite relativ schmal bleibt und die Nebenkeulen effizient unterdrückt werden. Auf diese Weise können die besten Ergebnisse der Nahfeldfokussierung erzielt werden.

Abb. 5.67 und 5.68 zeigen die Nahfeldstrahlungseigenschaften verschiedener konformer Antennen-Gruppenstrahler mit Strahlschwenkungswinkeln $\phi = \theta = 0°$.

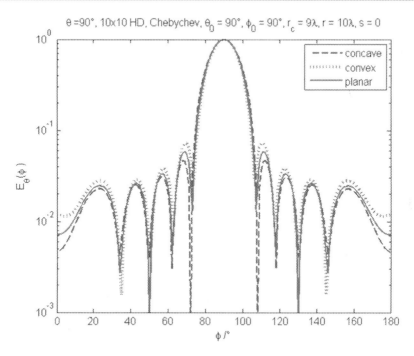

Abb. 5.67 Vergleich normierter Richtdiagramme verschiedener konformer 10×10 Hertzscher Dipol-anordnungen in der ϕ-Ebene mit Tschebyscheff-Amplitudenwichtungen für Strahlschwenkungswinkel von $90° - \theta_0 = 0°$ und $90° - \phi_0 = 0°$, mit dem Aufpunkt im Abstand von $10\,\lambda$, $r_c = 9\,\lambda$

Abb. 5.69 und 5.70 zeigen die Nahfeldstrahlungseigenschaften verschiedener konformer Antennen Gruppenstrahler, wenn der Strahlschwenkungswinkel nur in einer Ebene ungleich Null ist, d. h. entweder in der ϕ-Ebene oder in der θ-Ebene. Die Nebenkeulen nehmen bei allen konformen Gruppenstrahler-Profilen zu, insbesondere in Seitwärts- und Rückstrahl-richtung (Abb. 5.71 und 5.72).

Abb. 5.73 und 5.74 zeigen die Nahfeldstrahlungseigenschaften verschiedener konformer Antennen-Gruppenstrahler mit Strahlschwenkungswinkeln $\phi = 60°$ und $\theta = 75°$. Die Nebenkeulen werden durch asymmetrische Amplitudenwichtungen für alle Antennengruppenprofile weiter unterdrückt, obwohl gleichzeitig die Strahlbreite zunimmt. Die gewünschte Strahlbreite kann erreicht werden, wenn entsprechend mehr Antennenelemente verwendet werden.

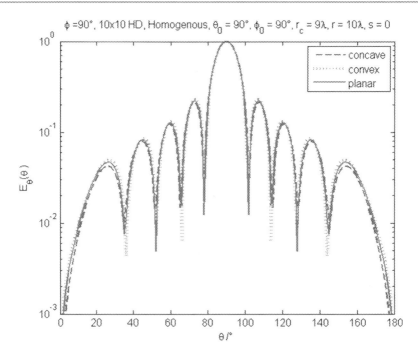

Abb. 5.68 Vergleich normierter Richtdiagramme verschiedener konformer 10×10 Hertzscher Dipolanordnungen in der θ-Ebene mit Amplitudenwichtungen von Tschebyscheff für Strahlschwenkungswinkel von $90° - \theta_0 = 0°$ und $90° - \phi_0 = 0°$, mit dem Aufpunkt im Abstand von 10 λ, $r_c = 9\,\lambda$

In diesem Buch wurden die Strahlschwenkungseigenschaften konformer Antennen-Gruppenstrahler im Nahfeld mithilfe einer sehr effizienten Analysemethode [10, 12, 13] untersucht und verglichen.

Die Amplitudenwichtungen unter Verwendung der vorgeschlagenen asymmetrischen Wichtungskoeffizienten reduziert die Nebenkeulen über einen größeren Winkelbereich effizient. Je nach Anforderung an die Strahlformung kann dieses Verfahren mit der bekannten Fernfeldtechnik (binomische oder Tschebyscheff-Amplitudenwichtung) kombiniert werden, um bestimmte Strahlungseigenschaften und gewünschte Strahlbreiten durch Verwendung einer größeren Anzahl von Gruppenstrahler-Elementen zu erreichen. Die in diesem Buch vorgestellte Methode kann verwendet werden, um schnell die optimalen Parameter für dynamische Strahlformungsprobleme für die adaptiven planaren oder konformen Antennen-Gruppenstrahler bereitzustellen. Die gleiche Methode könnte verwendet werden, um allgemein volumetrische Probleme mit Antennen-Gruppenstrahlern zu analysieren.

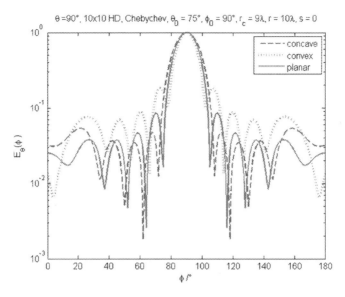

Abb. 5.69 Vergleich normierter Richtdiagramme verschiedener konformer 10×10 Hertzscher Dipolanordnungen in der ϕ-Ebene mit Tschebyscheff-Amplitudenwichtungen für Strahlschwenkungswinkel von $90° - \theta_0 = 15°$ und $90° - \phi_0 = 0°$, mit dem Aufpunkt im Abstand von 10 λ, $r_c = 9 \lambda$

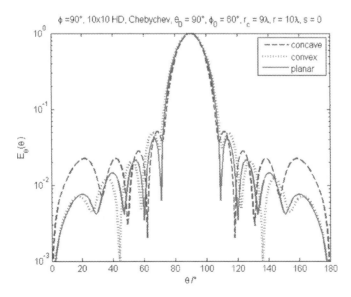

Abb. 5.70 Vergleich normierter Richtdiagramme verschiedener konformer 10×10 Hertzscher Dipolanordnungen in der θ-Ebene mit Amplitudenwichtungen von Tschebyscheff für Strahlschwenkungswinkel von $90° - \theta_0 = 0°$ und $90° - \phi_0 = 30°$, mit dem Aufpunkt im Abstand von 10 λ, $r_c = 9 \lambda$

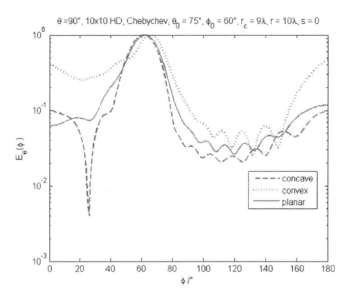

Abb. 5.71 Vergleich normierter Richtdiagramme verschiedener konformer 10×10 Hertzscher Dipolanordnungen in der ϕ-Ebene mit Tschebyscheff-Amplitudenwichtungen für Strahlschwenkungswinkel von $90^\circ - \theta_0 = 15^\circ$ und $90^\circ - \phi_0 = 30^\circ$, mit dem Aufpunkt im Abstand von 10 λ, $r_c = 9\,\lambda$

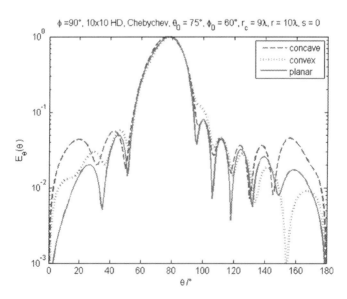

Abb. 5.72 Vergleich normierter Richtdiagramme verschiedener konformer 10×10 Hertzscher Dipolanordnungen in der θ-Ebene mit Amplitudenwichtungen von Tschebyscheff für Strahlschwenkungswinkel von $90^\circ - \theta_0 = 15^\circ$ und $90^\circ - \phi_0 = 30^\circ$, mit dem Aufpunkt im Abstand von 10 λ, $r_c = 9\,\lambda$

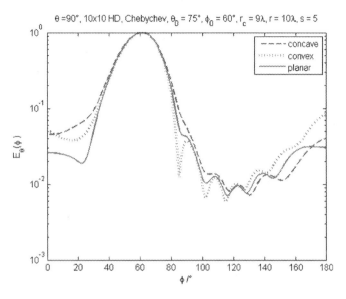

Abb. 5.73 Vergleich normierter Richtdiagramme verschiedener konformer 10×10 Hertzscher Dipolanordnungen in der ϕ-Ebene, mit Tschebyscheff-Amplitudenwichtungen und zusätzlichen asymmetrischen Amplitudenwichtungen (s=5) für Strahlschwenkungswinkel von $90° - \theta_0 = 15°$ und $90° - \phi_0 = 30°$, mit dem Aufpunkt im Abstand von $10\,\lambda$, $r_c = 9\,\lambda$

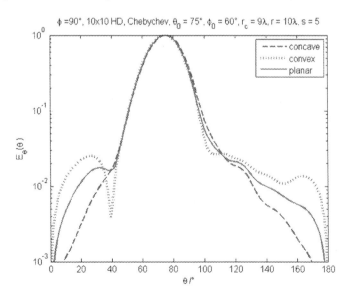

Abb. 5.74 Vergleich normierter Richtdiagramme verschiedener konformer 10×10 Hertzscher Dipolanordnungen in der θ-Ebene, mit Tschebyscheff-Amplitudenwichtungen und zusätzlichen asymmetrischen Amplitudenwichtungen (s=5) für Strahlschwenkungswinkel von $90° - \theta_0 = 15°$ und $90° - \phi_0 = 30°$, mit dem Aufpunkt im Abstand von $10\,\lambda$, $r_c = 9\,\lambda$

Literatur

1. R. E. Collin, F. J. Zucker: Antenna Theory, Part 1. McGraw-Hill Book Company (1969).
2. K. F. Lee: Principles of Antenna Theory. John Wiley & Sons Ltd. (1984).
3. B. D. Steinberg, H. M. Subbaram: Microwave Imaging Techniques. John Wiley & Sons, Inc. (1991).
4. R. J. Mailloux: Phased Array Antenna Handbook. Artech House Inc. (1994).
5. L. V. Blake, M. W. Long: Antennas: Fundamentals, Design, Measurement. 3rd Edition. Scitech Publishing, Inc. (2009).
6. D. G. Fang: Antenna Theory and Microstrip Antennas. CRC Press (2010).
7. W. H. Carter: On Refocusing a Radio Telescope to Image Sources in the Near Field of the Antenna Array. IEEE Trans. Antennas Propagat., Vol. 37, pp. 314–319 (1999).
8. A. Badawi, A. Sebak, L. Shafai: Array Near Field Focusing. WESCNEX'97 Proceedings of Conference on Communications, Power and Computing, pp. 242–245 (1997).
9. M. Bogosanovic, A. G. Williamsoni: Antenna Array with Beam Focused in Near Field Zone. Electronics Letters, vol. 39, pp. 704–705 (2005).
10. J. Grubert: A Measurement Technique for Characterization of Vehicles in Wireless Communications. PhD Thesis (in German) of Technical University Hamburg-Harburg, Cuvillier Verlag Goettingen (2006).
11. S. Ebadi, R. V. Gatti, L. Marcaccioli, R. Sorrentinoi: Near Field Focusing in Large Reflector Array Antennas Using 1-bit Digital Phase Shifters. Proceedings of the 39th European Microwave Conference, pp. 1029–1032 (2009).
12. S.-P. Chen: Improved Near Field Focusing of Antenna Arrays with Novel Weighting Coefficients. IEEE WiVeC 2014, 6th International Symposium on Wireless Vehicular Communications (2014).
13. S.-P. Chen: An efficient Method for Investigating Near Field Characteristics of Planar Antenna Arrays. Global Conference of Wireless and Optical Communications, Malaga, Spain (September 2016). Wireless Personal Communications, 95(2), 223–232 (2017).

In den vorherigen Kapiteln wurden lineare, planare und konforme phasengesteuerte Gruppenstrahler untersucht, indem bestimmte Amplitudenwichtungen und Phasenverschiebungen der Antennenelemente vorgenommen wurden, um den Strahl zu formen und auf einen bestimmten Empfänger zu fokussieren. Viele Forscher haben in den letzten Jahrzehnten intensiv nach verschiedenen ausgefeilten Methoden und Algorithmen gesucht, um das SINR (Signal zu Interferenz und Rausch Verhältnis) und die Kanalkapazitäten zu optimieren, indem sie MIMO-Antennen-Gruppenstrahler (Multiple Input und Multiple Output) verwenden, die in vielen drahtlosen Netzwerken und mobilen Kommunikationssystemen wie LTE, 5G und zukünftiges 6G [1, 2] verwendet werden.

MIMO-Kanäle

Normalerweise kann der MIMO-Kanal allgemein durch das Modell in Abb. 6.1 (siehe auch ähnliche schematische Modelldiagramme in [1, 2]) beschrieben werden

$$\mathbf{y} = \mathbf{H} \cdot \mathbf{x} + \mathbf{n}. \tag{6.1}$$

Der Empfänger empfängt das Signal $\mathbf{y}$, das aus der Kanalmatrix $\mathbf{H}$, dem Sendesignalvektor $\mathbf{x}$ und dem additiven weißen Gaußschen Rauschen $\mathbf{n}$ berechnet wird.

$$\mathbf{x} = \begin{bmatrix} x_1 & x_2 & ... & x_M \end{bmatrix}^T, \tag{6.2}$$

$$\mathbf{y} = \begin{bmatrix} y_1 & y_2 & ... & y_N \end{bmatrix}^T, \tag{6.3}$$

$$\mathbf{n} = \begin{bmatrix} n_1 & n_2 & ... & n_N \end{bmatrix}^T, \tag{6.4}$$

S.-P. Chen und H. Schmiedel, *Phasengesteuerte Antennen- Gruppenstrahler*, https://doi.org/10.1007/978-3-031-56830-5_6

mit der Kanalübertragungsmatrix oder Kanalübertragungsfunktion

$$\mathbf{H} = \begin{bmatrix} h_{11} & h_{12} & h_{13} & \dots & h_{1M} \\ h_{21} & h_{22} & h_{23} & \dots & h_{2M} \\ \dots & \dots & \dots & \dots \\ h_{N1} & h_{N2} & h_{N3} & \dots & h_{NM} \end{bmatrix}. \tag{6.5}$$

Sollen mehrere aufeinanderfolgende Vektoren übertragen werden, können die gesendeten und empfangenen Datenvektoren jeweils in einer Matrix [3] angeordnet werden.

$$\mathbf{X} = \begin{bmatrix} \mathbf{x_1} & \mathbf{x_2} & \dots & \mathbf{x_M} \end{bmatrix} \tag{6.6}$$

$$\mathbf{Y} = \begin{bmatrix} \mathbf{y_1} & \mathbf{y_2} & \dots & \mathbf{y_N} \end{bmatrix} \tag{6.7}$$

$$\mathbf{N} = \begin{bmatrix} \mathbf{n_1} & \mathbf{n_2} & \dots & \mathbf{n_N} \end{bmatrix} \tag{6.8}$$

$$\mathbf{Y} = \mathbf{HX} + \mathbf{N} \tag{6.9}$$

Wenn der Mehrwegeausbreitungseffekt vernachlässigt werden kann, kann die Strahlformung mit offener Schleife problemlos durchgeführt werden, wie im letzten Kapitel mit Amplitudenwichtungen und Phasenansteuerung besprochen. Der MIMO-Kanal kann mit dem Modell in Abb. 6.1 mit M Sendeantennen und N Empfangsantennen beschrieben werden. Die Kanalübertragungsmatrix $\mathbf{H}$ enthält die Matrixelemente h_{ij} mit $i = 1\dots N$ und $j = 1\dots M$ und das räumlich additive weiße Gaußsche Zufallsrauschen $\mathbf{n} = CN(0; \sigma^2 \mathbf{I})$.

Die Sonderfälle für MIMO (Multiple Input Multiple Output) sind SISO (Single Input Single Output), SIMO (Single Input Multiple Output) und MISO (Multiple Input Single Output), die durch die Verwendung desselben Modells beschrieben werden können, wenn die Parameter wie folgt eingestellt sind

SISO: M = N = 1,
SIMO: M = 1,
MISO: N = 1.

Im Allgemeinen sollte die Sendeantenne zur Bildung schmaler Strahlen ein Antennen-Gruppenstrahler sein, entweder ein linearer, planarer oder ein konformer Antennen-Gruppenstrahler, der mehrere Antennenelemente enthält. Die Empfangsantenne kann im Allgemeinen auch aus mehreren Antennenelementen bestehen, bekannt als MIMO-Antennensysteme [1]. Ein Sonderfall für MIMO-Antennensysteme ist MISO. In diesem Fall besteht ein Empfänger nur aus einem einzigen Antennenelement.

Durch die Verwendung von MIMO könnte entweder Single-User-MIMO (SU-MIMO) oder Multiple-User-MIMO (MU-MIMO) implementiert werden. Bei SU-MIMO bilden die

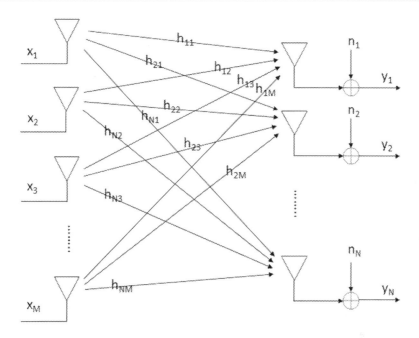

Abb. 6.1 MIMO model

Empfangsantennen-Gruppenstrahler mit Amplitudenwichtungen und Phasenverschiebungen einen bevorzugten Empfangsstrahl, der genau in Richtung des Senders zeigt. Im Falle von MU-MIMO, d. h. für N Benutzer, werden N verschiedene MIMO-Empfangsantennen-Gruppenstrahler am Standort der Benutzer implementiert, jeweils entsprechend dem SU-MIMO-Fall. Die Sendeantennen-Gruppenstrahler sind mit den Amplitudenwichtungen und Phasenverschiebungen so vorkodiert, dass mehrere Strahlen gebildet werden, die auf diese N Benutzer gerichtet sind.

Wellenausbreitung, Schwund

Im Falle einer idealen LOS-Wellenausbreitungsumgebung (Sichtlinie), wie z. B. Wellenausbreitung in ländlichen Regionen ohne Mehrfachreflexionen durch Gebäude, können die klassischen Strahlformungstechniken mit den berechneten Amplitudenwichtungen und Phasenverschiebungen verwendet werden, wie in den vorherigen Kapiteln beschrieben. Der Pfadverlust ist der dominierende Faktor für die Wellenausbreitung

$$P_r = P_t \cdot \left(\frac{\lambda}{2 \cdot \pi \cdot d} \right) \cdot G_r \cdot G_t \tag{6.10}$$

mit P_r, P_t als empfangener und gesendeter Leistung, G_r und G_t als Empfangs- und Sendeantennengewinn, d als Übertragungsentfernung und λ als RF-Trägerwellenlänge.

Wenn jedoch die unterschiedlichen reflektierten Strahlen (z. B. aufgrund der Mehrwegeausbreitung) einer Senderantenne nicht vollständig vernachlässigt werden können, überlagern sich diese entweder konstruktiv oder destruktiv und führen zu einer sich dynamisch ändernden Empfangsleistung an den Empfängerantennen, mit oder ohne LOS-
Wellenausbreitung des gewünschten Strahls.

Verschiedene Schwund-Effekte können wie folgt klassifiziert werden (siehe zum Beispiel
[4]):

a) makroskopischer Schwund durch Abschattung;
b) mikroskopischer Schwund, der aus schnellen Schwankungen des empfangenen Signals
   besteht, die durch Mehrwegeausbreitung verursacht werden, wenn eine LOS-Ausbreitung
   nicht gegeben ist;
c) Doppler-Spreizung, verursacht durch Bewegung von Sender und Empfänger mit der
   Geschwindigkeit v, die zu Doppler-Frequenzverschiebungen bei der Trägerfrequenz $f_c \pm$
   f_D führt. Die entsprechende Kohärenzzeit T_c gibt an, wie schnell sich der Kanal im
   Zeitbereich ändert und definiert somit die Symboldauergrenze, um die durch die Doppler-
   Spreizung verursachte Störung zu vermeiden;
d) Verzögerungsspreizung aufgrund von Mehrwegeausbreitung, die zu einer durchschnitt-
   lichen Verzögerungsspreizung von τ führt. Die entsprechende Kohärenzbandbreite
   $B_c = 1/\tau$ definiert die Kanal- bzw. Unterkanalbandbreite, um Störungen der Mehrwegeausbreitung zu vermeiden oder zu minimieren. Wenn die spektrale Bandbreite für
   die Übertragung $B > B_c$ ist, werden die N Multi-Unterträger verwendet, wobei die
   Bandbreite des einzelnen Unterträgers kleiner als die Kohärenzbandbreite B_c ist

$$B_n = \frac{B}{N} \ll B_c. \tag{6.11}$$

Diese Art von robusten Multi-Unterträger-Systemen, wie OFDM, wurde für viele digitale
drahtgebundene und mobile Kommunikationssysteme, wie DMT in xDSL, DAB, DVT,
WLAN und LTE, vorgeschlagen, um die optimierten SINR und Gesamtkanalkapazitäten
sicherzustellen (siehe [3, 4])

$$C = B \log_2\left(\mathbf{I} + \frac{1}{\sigma^2}\mathbf{H}\mathbf{P}\mathbf{H}^{\mathbf{H}}\right), \tag{6.12}$$

mit $\mathbf{H}$ als Kanalgewinnmatrix, B als Kanalbandbreite und $\mathbf{P}$ als Kovarianz des Eingangs-
signals $\mathbf{x}$:

$$\mathbf{P} = E\{\mathbf{x}\mathbf{x}^H\}. \tag{6.13}$$

Im Falle des Multi-Unterträger-Systems OFDM mit S_i als Empfangssignal am i-ten
Unterträger, B_n als Unterträgerbandbreite, die in den meisten Fällen konstant ist, N_0 als
spektrale Rauschdichte und σ als Varianz des additiven weißen Gaußschen Rauschens. In

Bezug auf das Kanalmodell in Gl. (6.1) kann die Kanalkapazität des Multi-Unterträger-Systems dann geschrieben werden als

$$C = \sum_{i=1}^{N} B_n \log_2\left(1 + \frac{S_i}{N_0 B_n}\right). \tag{6.14}$$

Wenn die LOS-Ausbreitung die anderen Pfade dominiert, wird diese Art von flachem Schwund-Kanal (Rice Fading, Rice-Schwund oder Rice-Kanal) oder makroskopischer Schwund genannt. Aufgrund des dominierenden LOS-Strahls ist die Variation entlang des Ausbreitungspfads größer und eher langsam. Die Strahlformung und Strahlschwenkung am Empfänger kann wie in den vorherigen Kapiteln beschrieben entworfen und implementiert werden, wobei die erforderlichen Amplitudenwichtungen und Phaseneinstellungen basierend auf den Kenntnissen des Kanals vorkodiert werden. Auf der Empfängerseite werden die empfangenen Signale von einigen Algorithmen basierend auf der Kenntnis des Kanals nachverarbeitet oder geschätzt. Diese Technik wird auch als Open-Loop-Strahlformung (offene Schleife, d. h. ohne Rückkopplung vom Empfänger) bezeichnet. Da die Änderung langsam erfolgt, beispielsweise für die 4. Mobilfunkgeneration LTE, können die sogenannten Codebooks für die Vorkodierungsmatrix zur Formung der Strahlen am Sender [5, 6] eingesetzt werden. Bei Closed-Loop-Strahlformung (geschlossene Schleife, d. h. mit Rückkopplung vom Empfänger) wird die Kanaleigenschaft durch die Rückkopplung an den Sender zurückgeschickt, so dass der Gruppenstrahler besser vorkodiert wird, um bestimmte Eigenschaften zu erzielen.

Bei schnellem Schwund oder frequenzselektivem Schwund in einer Umgebung mit Mehrwegeausbreitung kommt es im Kanal zu einer konstruktiven und destruktiven Überlagerung der Mehrwegstrahlen, was zu schnellem Schwund oder starkem Schwund führt. Daher ist der Kanal nicht mehr deterministisch. Im schlimmsten Fall ist die Wellenausbreitung mit Sichtverbindung gar nicht möglich. Dieser Kanal wird Rayleigh-Kanal genannt. Rayleigh-Kanäle kommen vor allem in städtischen Gebieten vor, wo viele Gebäude die übertragenen elektromagnetischen Wellen reflektieren, deren Überlagerungsfeld einigermaßen statistisch bleibt oder sich dynamisch ändert.

Der Rice-Schwund und der Rayleigh-Schwund können mithilfe einer einzigen Formel beschrieben werden, indem man den perfekten LOS-Kanal oder direkten Pfad H_{LOS} und den selektiven NLOS-Schwund-Kanal oder die Summe aller verstreuten Pfade H_{NLOS} [4] additiv überlagert. Dann kann der Schwund-Effekt mit einer einzigen Formel beschrieben werden

$$\mathbf{H} = \sqrt{\frac{K}{1+K}}\mathbf{H_{LOS}} + \sqrt{\frac{1}{1+K}}\mathbf{H_{NLOS}} \tag{6.15}$$

mit $K = 0$ für Nicht-LOS (Rayleigh-Schwund), $0 < K < \infty$ für Rice-Schwund und $K = \infty$ entspricht dem perfekten LOS-Mobilkommunikationskanal.

Open-Loop-Strahlformung, Closed-Loop-Strahlformung

Bei der Open-Loop-Strahlformung können Multiplex- und Diversitäts-Gewinn erreicht werden, auch wenn dies nicht die optimierten Methoden zur Schätzung der empfangenen Signale sind.

Die Kanaleigenschaften sollten entweder halbblind oder unter Verwendung der Pilotsymbole oder Trainingssymbole geschätzt werden. Die empfangenen Signale können erhalten werden, wenn die Kanaleigenschaften entweder als CSI (Channel State Information) bekannt sind oder durch einige Kostenfunktionsoptimierungsalgorithmen wie Zero Forcing (ZF), Minimum Mean Square Errors (MMSE) oder Maximum Likelihood geschätzt (ML) werden können. In diesem Fall wird die inverse Kanalmatrix mit den empfangenen Signalen **y** und dem Signal zu Interferenz und Rausch Abstand (SINR) des Kanals multipliziert und die Kanalkapazitäten werden maximiert. Mithilfe dieser Informationen kann die Vorkodierungsmatrix für den Sender oder die Kombinationsmatrix für den Empfänger verwendet werden, um das SINR und damit die Gesamtkanalkapazität zu optimieren.

Durch die Verwendung einer großen Anzahl von Sende- und Empfangsantennen wird ein Diversitäts-Gewinn zur Verbesserung des SINR erzielt.

Eine andere Methode besteht darin, ein Pilotsignalgitter zu definieren, das sich über den Zeitbereich und die Unterkanäle erstreckt. Durch die Verwendung der bekannten Pilotsymbole, die über die Mehrwegekanäle übertragen werden, können die Eigenschaften der schnell schwindenden Kanäle für alle Ressourcenblöcke (RB) bestimmt werden, indem einige ausgewählte Pilotsymbole auf verschiedene ausgewählte Unterträger angewendet und zwischen ihnen interpoliert werden. Für eine sich dynamisch ändernde Mehrwegeausbreitungsumgebung sollten die Kanalmessungen kontinuierlich durchgeführt und die Rückmeldungsinformationen entsprechend aktualisiert werden. Diese liefern die präzisen Kanalmessdaten und ermöglichen so eine genaue Bestimmung der Vorkodierungs- und Kombinationsmatrix für MIMO-Systeme, führen aber andererseits zu Verzögerungen und Overhead.

Wenn wir vordefinierte Pilotsymbole auf verschiedenen ausgewählten Unterträgern verwenden, können die empfangenen Signale zusammen mit dem Kanalrauschen und den Kanalstörungen verwendet werden, um die Kanaleigenschaften durch die Kanalmessungen zu bestimmen. Die Kanalmessergebnisse können zur Bestimmung der Amplitudenwichtungen und Phasenansteuerungen des Sendeantennen-Gruppenstrahlers, der sogenannten Vorkodierungsmatrix, verwendet werden. Mithilfe der Vorkodierungsmatrix können die Sendeleistungen und Phasen der einzelnen Antennenelemente gesteuert werden. Auf der Empfängerseite werden bei MU-MIMO-Antennenanordnungen in ähnlicher Weise die Amplitudenwichtungen und Phasenverschiebungen der Empfangsantennenanordnung angewendet, um die empfangenen Signale zu kombinieren und das beste SINR oder die beste Kanalkapazität zu erreichen. Dieser Vorgang wird als Closed-Loop-Strahlformung (closed-loop beam forming) bezeichnet. Die leistungsstärkste Methode ist das Maximum-Likelihood-Kriterium (ML).

In der 5G-Mobilfunkkommunikation wird das Konzept des Massive MIMO angewendet [2], bei dem eine große Anzahl von Antennenelementen für die Sende- und Empfangsan-

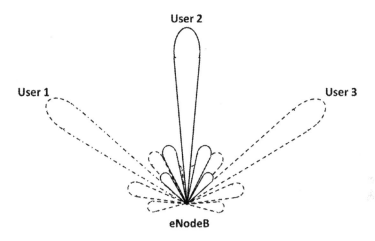

Abb. 6.2 Multi-User MIMO System

tenne verwendet wird. Dadurch soll eine effiziente Strahlformung erreicht werden, entweder für SU-MIMO- oder MU-MIMO-Anwendungen in einem eNodeB-Abdeckungsbereich (Abb. 6.2). Hier könnten der einzelne Benutzer oder mehrere Benutzer auch als einzelner Hotspot mobiler Benutzer oder als mehrere Hotspots mobiler Benutzer in der Zelle betrachtet werden.

Wenn der Mehrwegeausbreitungseffekt in manchen Situationen vernachlässigt werden kann, d. h. die LOS-Wellenausbreitung überwiegt, beispielsweise in ländlichen Regionen, können die Antennen-Gruppenstrahler für SU-MIMO, die typischerweise in den letzten Kapiteln besprochen wurden, für die Strahlformung verwendet werden.

Mehrfaches MISO im Downlink und mehrfaches SIMO im Uplink kommen in Frage, wenn keine Korrelation zwischen den Benutzergeräten (UEs) besteht. Die Erweiterung zum Multi-Benutzer-MIMO kann durch separate Gruppenstrahler vereinfacht werden, da sie die aufwendige Kanalschätzung erleichtert und die Komplexität der eNodeBs reduziert.

MU-MIMO kann auf zwei Arten implementiert werden: vollständige Kanalmessung und Kanalschätzung für mehrere Benutzer, entweder pseudodynamisch oder statisch, beispielsweise für einige feste Pikozellen durch Verwendung eines 4×16-Gruppenstrahlers (4 Zeilen und 16 Spalten). Wenn mehrere Benutzer oder Hotspots abgedeckt werden sollen, zum Beispiel 2 Hotspots von Benutzern, dann ist eine sehr einfache und unkomplizierte Methode die Verwendung von Teil-Gruppenstrahlern eines planaren Antennen-Gruppenstrahlers, die zur Bildung der einzelnen Strahlen verwendet werden können, zum Beispiel 4×16 oder 4×64 Antennen-Gruppenstrahler, jeweils für einen einzelnen Strahl mit ausreichender Nebenkeulenunterdrückung, um jegliche Interferenz mit den anderen Strahlen zu vermeiden.

Offensichtlich ist diese Methode flexibler, weniger komplex und erfordert weniger Rechenzeit für die Kanalmessung und Kanalschätzung. Wenn die Open-Loop-Strahlformung angewendet werden kann, können die verschiedenen Strahlen sehr schnell geformt werden.

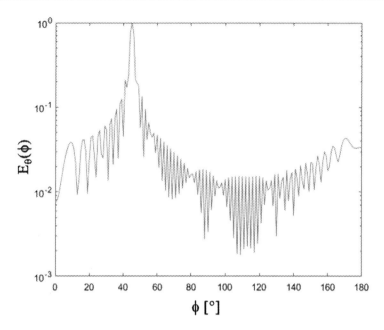

Abb. 6.3 1×16 SU-MIMO System mit einer Strahlschwenkung von $45°$

Abb. 6.3 zeigt einen planaren Antennen-Gruppenstrahler aus 1×16 Antennenelementen mit einem Schwenkwinkel von $45°$. Für die Simulation wird das 2,5-GHz-ISM-Band für 1×16 Elemente verwendet.

In Abb. 6.4 ist ein Beispiel für eine Strahlformung (Schwenkwinkel $45°$ und $105°$) mit offener Schleife unter Verwendung von zwei Gruppenstrahlern aus 2×16 Antennenelementen dargestellt.

Bei der klassischen Open-Loop-Strahlformung werden mehrere Sendeantennen (N_t) und Empfangsantennen (N_r) verwendet, um die Diversität zu verbessern und das maximale Verhältnis oder das optimierte SINR zu erreichen. Das Signal **s** wird N_t Mal parallel übertragen, um die beste Diversität zu erhalten. Andererseits verringert sich die Kanaleffizienz erheblich, wenn die Anzahl der parallelen Signaldatenströme höher ist. Diese Methode wird Maximum Ratio Receive Combining (MRRC) genannt.

Mit Annahme zweier Sender-Antennen (T_0 und T_1), die das gleiche Signal **s** redundant senden, und einer Empfangsantenne, die $\mathbf{r_0}$ und $\mathbf{r_1}$ von T_0 und T_1 empfangen, können die Kanäle für MRRC kann wie folgt beschrieben werden

$$\mathbf{r_0} = \mathbf{h_0 s} + \mathbf{n_0}, \tag{6.16}$$

$$\mathbf{r_1} = \mathbf{h_1 s} + \mathbf{n_1}. \tag{6.17}$$

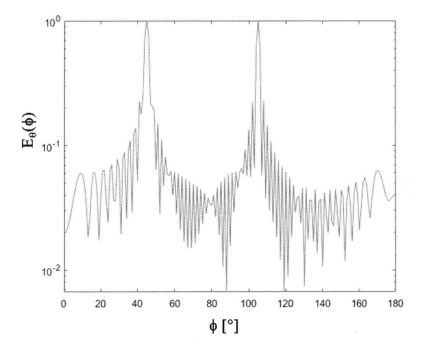

Abb. 6.4 2×16 MU-MIMO System mit einer Strahlschwenkung von $45°$ and $105°$

mit $\mathbf{h_0}$ und $\mathbf{h_1}$ als jeweilige Kanalantworten.

Die effizienteste Methode, Diversität zu gewährleisten, ohne die Effizienz zu verringern, wird von S. Alamouti [7] vorgeschlagen, indem mehr als 2 Antennen (Frequenzbereich) und 2 aufeinanderfolgende Zeitschlitze (Zeitbereich) verwendet werden, um orthogonale komplexe Symbole zu übertragen. Das Alamouti-Schema wird auch STBC (Space-Time Block Coding) genannt [4].

Um das Alamouti-Modell zu veranschaulichen und Alamouti mit MRRC umfassend zu vergleichen, werden zwei Kanäle verwendet, um zwei komplexe Symbole $\mathbf{s_0}$ und $\mathbf{s_1}$ mit der Kanalantwort $\mathbf{h_0}$ und $\mathbf{h_1}$ mit den additiven Rauschsignalen $\mathbf{n_0}$ und $\mathbf{n_1}$ zu übertragen

$$\mathbf{r_0} = \mathbf{h_0 s_0} + \mathbf{h_1 s_1} + \mathbf{n_0}, \tag{6.18}$$

$$\mathbf{r_1} = -\mathbf{h_0 s_1^*} + \mathbf{h_1 s_0^*} + \mathbf{n_1}. \tag{6.19}$$

wobei $\mathbf{s_0}$ und $\mathbf{s_1}$ gleichzeitig von der Sendeantenne 0 und Sendeantenne 1 in einem Zeitschlitz gesendet werden. In dem nachfolgenden Zeitschlitz werden dann $-\mathbf{s_1^*}$ und $\mathbf{s_0^*}$ Sendeantenne 0 und Sendeantenne 1 gesendet. Dadurch kann mit dem Alamouti-Modell verbesserte Diversität gegenüber dem MRRC erzielt werden.

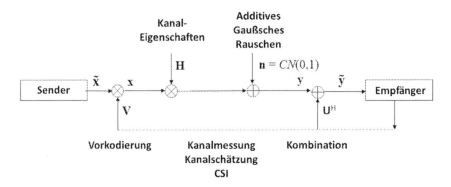

Abb. 6.5 MIMO-Kanalmodel

MIMO ist die wichtigste Technologie, um die 5G-Anforderungen an hohe Kanalkapazität und Effizienz zu erfüllen (Abb. 6.5). 5G ist bestrebt, den Durchsatz des drahtlosen Kanals zu erhöhen. Um dies zu erreichen, ist die Nutzung aller möglichen Funkzugangstechnologien (Multiple RATs) und daher einer Multi-Unterträgertechnik Orthogonal Frequency Domain Multiple Access (OFDMA) erforderlich.

Die 4G-Mobilkommunikationstechnologie LTE-A und auch 5G sind in der Lage, durch OFDM in Kombination mit Carrier Aggregation die bestmögliche Ausnutzung des Zeit- und Frequenzbereichs-Mehrfachzugriffs zu erreichen und schaffen es zudem, den Effekt von ISI durch die Verwendung zyklischer Präfixe zu reduzieren. Durch die Durchführung einer Kanalmessung und Kanalschätzung mit Piloten in Kombination mit einem Zero-Forcing-Algorithmus kann die Vorkodierungsmatrix in einer Mehrwegeausbreitungsumgebung bestimmt werden. Die Kanalschätzung spielt in einem OFDM-System eine wichtige Rolle. Sie wird verwendet, um die Kapazität von OFDMA-Systemen (Orthogonal Frequency Division Multiple Access) zu erhöhen, indem die Systemleistung in Bezug auf die Bitfehlerrate (BER) verbessert wird. Um die Schätzung der Kanaleigenschaften zu erleichtern, verwendet LTE zellspezifische Referenzsignale (Pilotsymbole), die sowohl in der Zeit als auch in der Frequenz [5] eingefügt werden. In den 3GGP Technical Specifications [6] werden die Kanalmessungen unter Verwendung sogenannter Multilayer, d. h. bis zu 8 Antennenports, durchgeführt. Diese Pilotsymbole liefern eine Schätzung des Kanals an bestimmten Orten innerhalb eines Unterrahmens. Durch Interpolation ist es möglich, den Kanal über eine beliebige Anzahl von Unterrahmen zu schätzen. Die Pilotsymbole werden bei LTE-A, abhängig von der Zellidentifikationsnummer und der Sendeantenne, bestimmten Positionen innerhalb eines Subrahmens zugewiesen. In [5, 6] werden sogenannte Codebooks zur Vorkodierung/Gewichtung der Antennen-Gruppenstrahler definiert und in Abhängigkeit von den Kanalmessergebnissen bei der Strahlformung verwendet. UE-spezifische Demodulationsreferenzsignale (DM-RS) zur Demodulation des Physical Downlink Shared Channels (PDSCH) abhängig von den Kanalbedingungen unter Verwendung von QPSK, 16 QAM oder

64 QAM. CSI-RS ermöglicht die Messung von zellenspezifischen UE-Downlink-Kanal-Statusinformationen (CSI).

Im Allgemeinen werden die Kanäle, unter Berücksichtigung der Mehrwegeausbreitung oder des Schwund-Effekts, von Interferenzen und Rauschen beeinflusst. Diese werden dann geschätzt. Die Eingangssignale **x** werden nach der Kanalmessung und Kanalschätzung vorkodiert, so dass die empfangenen Signale **y** genau den gewünschten **d** entsprechen, wobei **d** die Benutzerterminals (Benutzer 1, Benutzer 2 und Benutzer 3) definieren. Im Allgemeinen kann es sich bei den Benutzern um einzelne Benutzer oder Geräte oder auch um Pikozellen-Basisstationen handeln, die einen Hotspot mit vielen mobilen Benutzern abdecken.

Im Allgemeinen kann die MIMO-Kanalübertragungsmatrix **H** in Gl. (6.1) zerlegt werden zu (siehe auch Abb. 6.1)

$$\mathbf{H} = \mathbf{U}\mathbf{S}\mathbf{V}^H \tag{6.20}$$

mit

$$\tilde{\mathbf{y}} = \mathbf{U}^H \mathbf{y} = \mathbf{U}^H H \mathbf{x} + \mathbf{U}^H \mathbf{n} \tag{6.21}$$

und

$$\mathbf{x} = \mathbf{V}\tilde{\mathbf{x}}. \tag{6.22}$$

Wir erhalten die neue Kanalmatrixgleichung, wenn der Kanal dem Sender [4] bekannt ist

$$\tilde{\mathbf{y}} = \mathbf{U}^H \mathbf{H}\mathbf{V}\tilde{\mathbf{x}} + \mathbf{U}^H \mathbf{n} = \mathbf{U}^H \mathbf{U}\mathbf{S}\mathbf{V}^H \mathbf{V}\tilde{\mathbf{x}} + \mathbf{U}^H \mathbf{n} = \mathbf{S}\tilde{\mathbf{x}} + \tilde{\mathbf{n}}. \tag{6.23}$$

Die zerlegten Matrizen **S**, **U**^{H} und **V** repräsentieren die diagonale Eigenwertmatrix, die Kombinations- oder Nachkodierungsmatrix beim Empfänger bzw. die Vorkodierungsmatrix beim Sender. Das Matrixelement s_{ij} entspricht der Übertragungsfunktion oder der Leistung des entsprechenden orthogonalen Ressourcenblocks. Der Kanalschätzungsalgorithmus extrahiert die Vorkodierungsmatrix für den Sendeantennen-Gruppenstrahler und die Kombinationsmatrix für den Empfangsantennen-Gruppenstrahler aus den Kanalmessdaten, die durch die Verwendung ausgewählter Pilotsignale auf verschiedenen Unterträgern und in unterschiedlichen Zeitschlitzen erzielt werden. Abhängig von den Kanaleigenschaften kann das Pilotraster mit starker Überabtastung und großem Overhead oder ein geeigneter Pilot und geringerer Overhead mit zusätzlicher Interpolation zwischen den Pilotsignalen gewählt werden.

Angepasste Filter (Matched filters)
Angepasste Filter (Matched filters) werden optimiert, um das SNR im Kontext der empfangenen Signale zu maximieren, wenn die Impulsantwort bekannt ist und das Rauschen additives weißes Rauschen ist. Die angepassten Filter berücksichtigen jedoch nicht

ISI (Inter-Symbol-Inferenz) [8]. Weitere Methoden sind der Zero-Forcing- [2, 8] und der Maximum-Ratio-Algorithmus.

Zero-Forcing (ZF)
Beim Zero-Forcing-Algorithmus werden Interferenzen zwischen den gemultiplexten Signalen eliminiert, während bei der Maximum-Ratio-Methode versucht wird, die Gesamtkanalkapazität zu maximieren. Zero-Forcing-Equalizer minimieren die ISI, ignorieren jedoch die Auswirkungen des Rauschens auf das System [8]. Nichtsdestotrotz kann Zero-Forcing das additive Rauschen bis zu einem gewissen Grad verstärken, da es die ISI unterdrückt.

Maximum-Ratio-Methode
Bei der Maximum-Ratio-Methode wird versucht, das Gesamt-SNR bzw. die Gesamtkanalkapazität aller Unterträger zu maximieren. Dies kann erreicht werden, indem die Datensymbole adaptiv auf die Unterträger mit gutem SNR abgebildet werden und solche Unterträger mit niedrigem SNR verworfen werden. Eine bekannte Methode ist der sogenannte Water-Filling-Algorithmus [9–11].

Diese Methode verbessert auch das Spitzen-zu-Durchschnitts-Leistungsverhältnis (PAPR), um die beste Linearität der Verstärker zu erreichen.

Minimum Mean Square Error (MMSE)
Die Kleinste-Quadrate-Schätzung oder das MMSE-Kriterium (Minimum Mean Square Error) der Kanalübertragungsfunktion kann durch Berücksichtigung der ISI und additivem weißem Rauschen geschätzt werden.

Bei dieser Methode wird der Fehler als Kostenfunktion J_{MSE} definiert, mit dem Ziel, dass der mittlere quadratische Fehler MSE mit dem Fehler ε [1] minimiert werden soll.

$$\varepsilon_k = d_k - \mathbf{w^H} \cdot \mathbf{x_k}, \tag{6.24}$$

$$J_{MSE}(E\{\varepsilon_k^2\}) = E\{(d_k - \mathbf{w^H} \cdot \mathbf{x_k})^2\} = d_k^2 - 2\mathbf{w^H} E\{d_k \mathbf{x_k}\} + \mathbf{w^H} E\{\mathbf{x_k x_k^H}\}\mathbf{w}. \tag{6.25}$$

Die Kostenfunktion J_{MSE} wird minimal, wenn die partielle Ableitung Null ist

$$\partial J_{MSE}(E\{\varepsilon_k^2\})\mathbf{w} = 0 \tag{6.26}$$

oder

$$\mathbf{w} = E\{\mathbf{x_k x_k^H}\}^{-1} E\{d_k \mathbf{x_k}\}. \tag{6.27}$$

Diese Lösung wird allgemein auch als Wiener-Lösung bezeichnet. Im Falle der Multiträgermodulation OFDM sollte die Summe der Unterträgerkanalkapazitäten maximal sein. Zu diesem Zweck werden die Unterträger mit niedrigem SNR (Signal Noise Ratio) gelöscht oder ungenutzt gelassen, nur die Unterträger mit guten SNR-Werten werden adaptiv mit

Signalsymbolen moduliert (zum Beispiel BPSK, QPSK, 16QAM, 64QAM, 256QAM), um die beste Gesamtkanalkapazität zu erreichen. Dieses Verfahren wird auch Water-Filling-Algorithmus [9–11] genannt.

Wir möchten zusätzlich betonen, dass die oben genannten Techniken auch mit der fortschrittlichsten Modulationstechnologie PAM (Pulse Amplitude Modulation) kombiniert werden könnten, um die Kapazitätsgrenze des Shannon-Kanals zu erreichen.

Die kleinsten Fehlerquadrate (LSE) werden dann gemittelt, um unerwünschtes Rauschen der Pilotsymbole zu reduzieren, da der Mittelwert des Rauschens Null ist. Dies ist im Fall von SISO schnell und einfach zu bewerkstelligen, aber sobald das System erweitert ist und zu Multi User MIMO wird (Abb. 6.2), erfordert die Kanalschätzung ein adaptives Filter, das viele Iterationen benötigt, um eine solide Kanalschätzung zu erhalten. Auch die Koordinierung für die Piloten wird komplizierter, um sicherzustellen, dass sie auch bei unterschiedlichen Interferenz-Störungen, bei Anwendung des Zero-Forcing-Algorithmus, orthogonal und eindeutig bleiben.

Die Uplink- und Downlink-Kapazität C^{UL} und C^{DL} kann auch mithilfe der Shannon-Formel geschätzt werden

$$C = \sum_{i=1}^{M} B_i \cdot \log_2\left(1 + SNR_i\right). \tag{6.28}$$

Hybride Strahlformung

Bisher können bei der Open-Loop-Strahlformung und bei der Closed-Loop-Strahlformung Ressourcenelemente im Zeitbereich (RE) und Unterträger im Frequenzbereich in OFDM beteiligt sein, die **x** und **y** mit allen REs umfassen. Dies führt zu mathematischen Berechnungen mit extrem großen Matrizengrößen.

Die drahtlosen Kommunikationssysteme 5G New Radio (NR) nutzen die MIMO-Strahlformungs-Technologie für die Signal-Rausch-Verhältnis(SNR)-Verbesserung und räumliches Multiplexen zur Verbesserung des Datendurchsatzes in streureichen Umgebungen. In einer streureichen Umgebung sind die Sichtlinienpfade (LOS) zwischen den Sende- und Empfangsantennen nicht immer vorhanden. In [12] wird beim Entwurf von MIMO–Gruppenstrahlern, einschließlich komplexer Sub-Gruppenstrahler-Strukturen, die sogenannte hybride Strahlformung (Hybrid-Beam-Forming) angewendet, um RF- und Basisband-Strahlformung zu kombinieren.

Um den erforderlichen Durchsatz zu erreichen, implementiert die MIMO-Strahlformung eine Vorkodierung auf der Senderseite und eine Kombination auf der Empfängerseite, um das SINR zu erhöhen und räumliche Kanäle zu trennen. Allerdings erfordert eine vollständig digitale Strahlformungs-Struktur, dass jede Antenne über eine eigene RF-zu-Basisband-Kette verfügt, was die Gesamtkosten für die Hardware erhöhen kann und den Stromverbrauch in die Höhe treibt. Als Lösung wird hybride Strahlformung verwendet, um weniger RF-zu-Basisband-Ketten zu verwenden. Mit bewusster Auswahl der Wichtungen für die

Vorkodierung und Kombination kann hybride Strahlformung ein Leistungsniveau erreichen, das mit der vollständigen, volldigitalen Strahlformung vergleichbar ist [12].

Literatur

1. C. A. Balanis: Antenna Theory. John Wiley & Sons, Inc. Fourth Edition (2016).
2. Th. Marzetta, E. G. Larsson, J. Yang, H. Q. Ngo: Fundamentals of Massive MIMO. Cambridge University Press (2016).
3. E. G. Larsson, P. Stoica: Space-Time Block Coding for Wireless Communications. Cambridge University Press (2003).
4. A. Paulraj, R. Nabar, D. Gore: Introduction to Space-Time Wireless Communications. Cambridge University Press (2003).
5. Bernhard Schulz: Rohde & Schwarz Whitepaper: LTE Transmission Modes and Beamforming (2016).
6. Technical Specification Group Radio Access Network: Physical Channels and Modulation, Release 10; 3GPP TS 36.211 V 12.5.0, March (2015).
7. S. Alamouti: A Simple Transmit Diversity Technique for Wireless Communications. IEEE JOURNAL ON SELECT AREAS IN COMMUNICATIONS, VOL. 16, NO. 8 (1998).
8. Ph. Golden, H. Dedieu, K. Jacobsen: Fundamentals of DSL Technology. Auerbach Publications, Taylor & Francis Group. Boca Raton Florida, New York (2006).
9. G. Muenz, S. Pfletschinger, J. Speidel: An Efficient Waterfilling Algorithm for Multiple Access OFDM (2002). IEEE Global Telecommunications Conference 2002 (Globecom '02), Taipei, Taiwan (2002).
10. L. G. Li, G. Stueber: Orthogonal Frequency Division Multiplexing for Wireless Communications. 1st Edition. New York : Springer Science+Business, Media Inc. (2006).
11. M. Kuhn: Advanced Modulation. Lecture Notes. Darmstadt University of Applied Sciences (July 31, 2021).
12. Matlab Whitepapaer: Exploring Hybrid Beam Forming Architecture for 5G Systems (2015).

Ausgedünnte Antennen-Gruppenstrahler 7

In den vorherigen Kapiteln haben wir lineare Antennen-Gruppenstrahler, planare Antennen-Gruppenstrahler und konforme Antennen-Gruppenstrahler mit unterschiedlichen Amplitudenwichtungen und Phasenverschiebungen untersucht, aber immer mit den gleichen Abständen zwischen den benachbarten Antennenelementen mit d = λ/2. Es wurden unterschiedliche Amplitudenwichtungen und Phasenverschiebungen gewählt, um einerseits die Strahlen zu formen und zu schwenken und andererseits die Nebenkeulen zu unterdrücken.

Neben der äquidistanten Zuordnung der Antennenelemente können manchmal auch größere Abstände (d > λ/2) oder ungleiche Abstände (d = λ/2, 2 λ/2, 3 λ/2, 4 λ/2, ... usw.) verwendet werden, im Allgemeinen mit zunehmendem Abstand von der Mitte zu den Rändern der Gruppenstrahler. Als Abstände zwischen den Elementen des Antennen-Gruppenstrahlers könnten auch Primzahlen mal λ/2 gewählt werden.

Im Abb. 7.1 betrachten wir der Einfachheit halber verschiedene eindimensionale, lineare Antennen-Gruppenstrahler-Typen: (a) 8-Element-λ/2-Gruppenstrahler mit einer Aperturbreite von 7×λ/2; (b) 8-elementiger λ-Gruppenstrahler mit einer Aperturbreite von 7×λ; (c) 8-elementiger nichtäquidistanter Gruppenstrahler mit einer Aperturbreite von 13×λ/2; (d) 15-elementiger λ/2-Gruppenstrahler mit einer Aperturbreite von 7×λ, der gleichen Größe wie (b).

© Der/die Herausgeber bzw. der/die Autor(en), exklusiv lizenziert an Springer Nature 123
Switzerland AG 2024
S.-P. Chen und H. Schmiedel, *Phasengesteuerte Antennen- Gruppenstrahler*,
https://doi.org/10.1007/978-3-031-56830-5_7

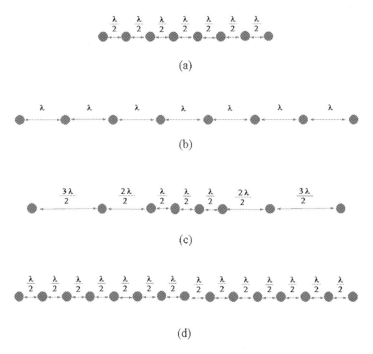

Abb. 7.1 Verschiedene Arten von Gruppenstrahlern: **a** äquidistanter $\lambda/2$-Gruppenstrahler; **b** ausgedünnter, äquidistanter λ-Gruppenstrahler; **c** ausgedünnter, nicht äquidistanter Gruppenstrahler; **d** äquidistanter $\lambda/2$-Gruppenstrahler mit 15 Elementen und gleicher Aperturgröße wie (**b**)

Zuerst vergleichen wir das Richtdiagramm eines 8-Element-$\lambda/2$-Gruppenstrahlers mit einem 8-Element-λ-Gruppenstrahler (Abb. 7.2). Es ist deutlich zu erkennen, dass die Nebenkeule des 8-elementigen λ-Gruppenstrahlers leicht angehoben ist, d. h. die Richtwirkung wird entsprechend reduziert.

In ähnlicher Weise zeigen die Strahlungseigenschaften des nichtäquidistanten 8-Element-Gruppenstrahlers erhöhte Seitenkeulen im Vergleich zum Referenz-8-Element-$\lambda/2$-Gruppenstrahler (Abb. 7.3), d. h. die Richtwirkung ist entsprechend verringert. Wenn wir jedoch den 8-Elemente-λ-Gruppenstrahler mit dem 15-Elemente-$\lambda/2$-Gruppenstrahler vergleichen (Abb. 7.4), wobei beide Gruppenstrahler die gleiche Aperturgröße haben, ist deutlich zu erkennen, dass die Nebenkeulen des 15-Elemente-$\lambda/2$-Gruppenstrahlers im Vergleich zum 8-Elemente-λ-Gruppenstrahler unterdrückt werden. Gleichzeitig wird die Strahlbreite verkleinert, d. h. die Richtwirkung wird entsprechend erhöht.

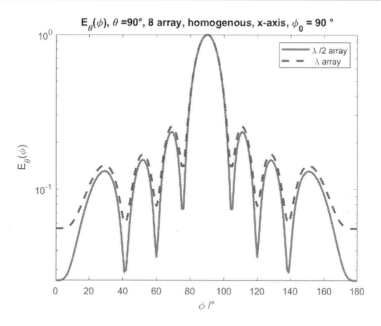

Abb. 7.2 Ausgedünnter λ Gruppenstrahler

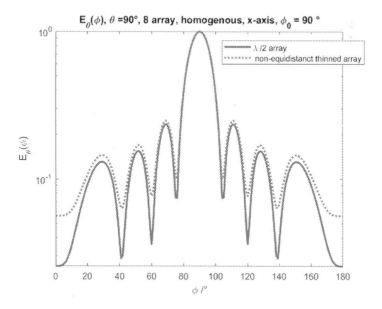

Abb. 7.3 Ausgedünnter, nicht-äquidistanter λ/2 Gruppenstrahler

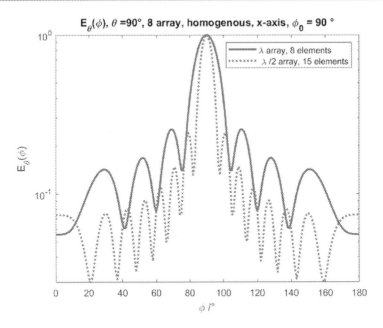

Abb. 7.4 Vergleich äquidistantes 8-Element λ Gruppenstrahlers mit einem 15-Element λ/2 Gruppenstrahlers, mit gleicher Aperturgröße

Literatur

1. R. E. Collin, F. J. Zucker: Antenna Theory, Part 1. McGraw-Hill Book Company (1969)

Anwendungen von phasengesteuerten Antennen-Gruppenstrahlern

Antennen-Gruppenstrahler können vielfältig angewendet werden, wie z. B. in der Mobilkommunikation, der Radio- und Fernsehtechnik, bei Radar-Anwendungen, in der Satellitenkommunikation, in der Raumfahrtkommunikation und der Medizin.

8.1 Radar, Satellitenkommunikation und Navigationssatelliten

Phasengesteuerte Antennen werden in vielfältigen Konfigurationen verwendet. Es gibt feste Konstellationen, wo die einzelnen Antennenelemente mit einem festen Netzwerk verbunden sind, welches die Phasenansteuerung vornimmt. Oft werden die Elemente gleichphasig angesteuert. Liegen all diese Elemente in einer Ebene ergibt sich eine Hauptstrahlrichtung in Richtung des Flächenvektors der Ebene.

Um die Winkelauflösung von Radar-Anwendungen zu erhöhen, ist ein höherer Antennengewinn, verbunden mit einer schmaleren Antennenkeule, erwünscht. Hierzu können Antennen mit hohem Antennengewinn, wie z. B. parabolische Antennen verwendet werden oder man setzt phasengesteuerte Antennen ein, die den weiteren Vorteil der elektronischen, sehr schnellen und agilen Richtdiagrammschwenkung ermöglichen.

Ein typischer Vertreter für feste Anordnungen von phasengesteuerten Antennen-Gruppenstrahlern ist das Antennensystem von GPS Satelliten. Es wird eine Konstellation von 15 zirkular polarisierten Helixantennen auf den Block II Satelliten verwendet. Die Halbwertsbreite der GPS Satelliten-Antenne ermöglicht gerade die vollständige Ausleuchtung der vom Satelliten aus gesehenen Erdoberfläche.

Neben solchen festen Konstellationen gibt es variable Anlagen mit Strahlschwenkung, bei denen alle Elemente in ihrer Phase und auch Amplitude individuell angesteuert werden. Dies gilt, je nach Anwendung, sowohl für Sende- als auch für Empfangsbetrieb. Damit kann ein

S.-P. Chen und H. Schmiedel, *Phasengesteuerte Antennen- Gruppenstrahler*, https://doi.org/10.1007/978-3-031-56830-5_8

Signal in eine gewünschte Richtung gesendet werden und ein Signal aus einer gewünschten Richtung empfangen werden. Eine Auswertung der eingehenden Phasen erlaubt auch die Berechnung des Einfallswinkels (angle of arrival (AOA)).

Nachfolgend eine kurze Beschreibung bekannter Systeme, wie PATRIOT und IRIDIUM, die sich auch die Prinzipien der phasengesteuerten Gruppenstrahler zu Nutze machen. Das PATRIOT-System [1] ist ein militärisches Flugabwehrsystem, das 1980 in Dienst gestellt wurde. Es hat einen aufwändigen phasengesteuerten Antennen-Gruppenstrahler, bestehend aus 5161 Antennenelementen. Die Gesamtabmessung der Antenne ist ca. 2,5 m. Die Aufgabe des PATRIOT-Systems besteht darin, anfliegende gegnerische Raketen per Radar zu verfolgen, die eigenen Flugabwehrraketen zu steuern und eine Freund-Feind-Erkennung (IFF) durchzuführen. Der Überwachungs- und Arbeitswinkel beträgt 90°. Das System ist in der Lage bis zu 100 Ziele gleichzeitig zu verfolgen und zu bewerten. Gleichzeitig in diesem Kontext bedeutet, dass alle Ziele sequentiell mit hoher Geschwindigkeit verarbeitet werden müssen. Hierzu muss ein Antennenstrahl der phasengesteuerten Antenne mit hoher Geschwindigkeit auf unterschiedliche Ziele abwechselnd geschaltet werden. Das PATRIOT System kann bis zu 9 Abwehrraketen starten und „gleichzeitig" steuern um anfliegende Raketen abzufangen. Das russische Gegenstück mit vergleichbaren Eigenschaften ist das SA-10 System.

Das IRIDIUM-System [2] wurde als weltweit verfügbares, Satelliten-gestütztes Telefonsystem entwickelt. Das System basiert auf 66 Satelliten in kreisförmigen, polaren, niedrigen Umlaufbahnen (LEOs) und deckt die gesamte Erdoberfläche ab. Jeder Satellit hat 3 phasengesteuerte Antennen-Paneele mit jeweils 165 Antennenelementen, die in 10 Spalten angeordnet sind. Jedes Paneel bedient 16 Funkzellen auf der Erdoberfläche mit individuellen Antennenkeulen. Ein Satellit kommuniziert also quasi simultan mit 48 Zellen mit mehreren Teilnehmern im Zeitmultiplex. Bei den Antennenelementen handelt es sich um einzelne Patch-Antennen. Jedem Antennenelement ist ein Sende/Empfangsmodul (T/R) zugeordnet. Die steuerbaren Antennenkeulen werden permanent nachgeführt, um Kontakt mit den Funkzellen zu halten. Wenn ein Satellit aus dem Funkzellenbereich fliegt, übernimmt ein folgender Satellit die Verbindung innerhalb einer komplizierten Übergabe(handover)-Prozedur.

Ein weiteres, ähnliches Satellitensystem für weltweiten Internetzugang ist das Starlink-System betrieben von SpaceX. Dieses System betreibt viele 1000 Satelliten in niedrigen Umlaufbahnen und ermöglicht hochbitratigen Datenverkehr. Auch dieses System macht ausgiebigen Gebrauch von phasengesteuerten Antennensystemen, sowohl auf der Satellitenseite, als auch bei der Bodenstation eines Teilnehmers, dessen Antennenkeule auf bewegte Satelliten nachgeführt wird.

Eine weitere Anwendung von phasengesteuerten Antennen sind steuerbare Antennen in 5G Mobilfunksystemen mit ihrer MIMO (multiple-input-multiple output) Technologie. Eine ausführliche Beschreibung dieser Technologie findet sich in Kap. 6. Viele der erwähnten Anwendungen nutzen Antennen Elemente, die in einer Ebene liegen oder die linear angeordnet sind und entweder in das Fernfeld strahlen oder Signale aus dem Fernfeld empfangen. Es ist ebenso möglich Antennenelemente in eine Ebene mit definierter Krümmung zu platzieren. Konkave Gruppenstrahler sind möglich, bei denen ein Hauptstrahl im Nahfeld zur Bestrahlung von Objekten verwendet wird. Die umgekehrte Anordnung ist konvex. In diesem Fall sind alle Antennenelemente auf einer gekrümmten Kontur. Mit der Einstellung der Phasen und der gewünschten Amplituden kann nun eine Abstrahlung in alle Raumrichtungen bzw. ein Empfang aus allen Raumrichtungen erfolgen. Ähnlich wie bei einem Leuchtturm, dessen Lichtstrahl rundum laufen kann.

8.2 Intelligente Antennensysteme (Smart Antenna Systems)

Durch die Nutzung der Theorie der Antennen-Gruppenstrahler und durch die Anwendung kontinuierlich weiterentwickelter Techniken der digitalen Signalverarbeitung (DSP) und anwendungsspezifischer integrierter Schaltkreise (ASICs) [3] sowie programmierbarer Logik-Gatter-Anordnungen (Field Programmable Gate Arrays FPGAs) können intelligente Antennensysteme einen oder mehrere Strahlen auf die gewünschten Benutzer oder Hotspots in einem Abdeckungsbereich fokussieren und erreichen das beste Signal zu Interferenz und Rausch Verhältnis (SINR), wodurch die Kanalkapazität optimiert wird.

Um Interferenzen zu vermeiden, versuchen adaptive Antennen-Gruppenstrahlersysteme, das Strahlungsmuster in Echtzeit zu optimieren, um den Strahl zum gewünschten Benutzer oder Hotspot zu maximieren und die Strahlen aus der Ankunftsrichtung (DOA) der Störer zu minimieren [3]. Dies ist auch die Grundidee des Zero-Forcing-Algorithmus bei der Kanalschätzung in Massive MIMO, vgl. Kap. 6 (Abb. 8.1).

Abb. 8.1 3-Sektor-Basisstation unter Verwendung eines Massive-MIMO-Gruppenstrahlers

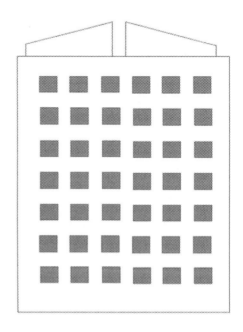

Abb. 8.2 Basisstation unter
Verwendung eines
zylindrischen konformen
Massive-MIMO-
Antennengruppenstrahlers

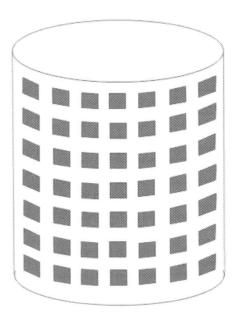

8.3   5G Massive-MIMO-Basisstation für die Abdeckung mehrerer Benutzer

Entweder bestehen die Basisstationszellen aus klassischen 3 Sektoren von Gruppenstrahlern (Abb. 8.3) oder einem zylindrischen konformen Antennen-Gruppenstrahler (Abb. 8.2),
bestehend aus einer sehr großen Anzahl von Antennenelementen, die zur Bereitstellung
einer Mehrbenutzer- oder Multi-Hotspot-Abdeckung verwendet werden können, um die
Spektrumseffizienz zu verbessern [4].

8.4   Weltraumkommunikation

In der Weltraumkommunikation werden extrem große Parabolantennenaperturen von 26 m,
34 m oder sogar 70 m Durchmesser verwendet. Dies liegt an den extrem niedrigen Signal-
pegeln aufgrund der großen Entfernung zwischen den Raumfahrzeugen und der Erdbo-
denstation [5–7]. Im Allgemeinen handelt es sich dabei um Antennengruppenstrahler mit
Abständen zwischen den einzelnen Parabolantennen, die viel größer als $\lambda/2$ sind, wie in
den vorherigen Kapiteln besprochen wurde.

In Abb. 8.3 ist einer dieser phasengesteuerten Gruppenstrahler schematisch dargestellt. Im
Prinzip handelt es sich dabei um einen ausgedünnten Gruppenstrahler mit extrem erhöhtem
Antennengewinn für die Hochfrequenzkommunikation im Weltraum. Wie bereits erwähnt,
kann der Durchmesser einer parabolischen Reflektorantenne beispielsweise 34 m betragen.

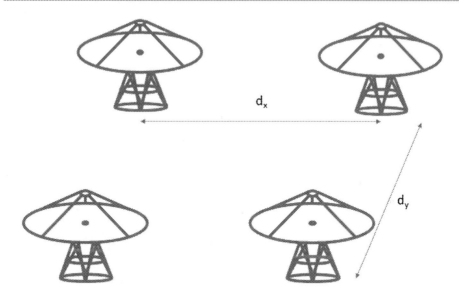

Abb. 8.3 Beispiel eines 2×2 Weltraum-Parabol-Antennen-Gruppenstrahlers

Die Abstände d_x und d_y könnten je nach Entwurfskriterien 100 m bis einige 1000 m betragen. Um den Strahl zu fokussieren, werden die Parabolspiegel gleichzeitig in eine bestimmte Richtung gelenkt. Gleichzeitig müssen die Phasenverschiebungen zwischen den verschiedenen Parabolantennen präzise gesteuert werden, sodass sich alle Einzelsignale zu und von einem Raumfahrzeug phasengleich addieren.

Abhängig von der Mission kann eine größere Anzahl von Parabolantennen eingesetzt werden (Abb. 8.4). Ein Beispiel sind die 14 Betriebsantennen des Jet Propulsion Laboratory (JPL) in Südkalifornien, um die wissenschaftlichen Daten von weit entfernten Weltraumsonden zu empfangen und die Telemetriedaten und Kommandos zu kommunizieren.

Ein sehr bekanntes Antennensystem ist das Deep Space Network (DSN) der National Aeronautics and Space Administration (NASA). Um genau zu sein, besteht die Hauptaufgabe eines DSN nicht in der Formung oder Steuerung von phasengesteuerten Strahlen, sondern in der permanenten Bereitstellung einer redundanten Kommunikationsverbindung zu den Raumfahrzeugen während der Erdrotation. Das DSN besteht aus drei Antennenanlagen, die in gleichen Abständen voneinander (etwa 120 Grad in der Länge) auf der ganzen Erdkugel verteilt sind und über das Network Operations Control Center am JPL [6] betrieben werden:

- Goldstone Deep Space Communications Complex in der Nähe von Barstow, Californien;
- Madrid Deep Space Communications Complex, Spanien;
- Canberra Deep Space Communication Complex, Australia.

Abb. 8.4 Beispiel eines 4×4 Weltraum-Parabol-Antennen-Gruppenstrahlers

8.5   Gruppenstrahler für Radioastronomie

Neben dem Weltraumnetzwerk zur Missionskontrolle, -verfolgung und -kommunikation wird am National Radio Astronomy Observatory in San Agustin in New Mexico auch ein Radioastronomie-Observatoriums-Antennen-Gruppenstrahler zum Einsatz kommen [7]. Er besteht aus bis zu 28 Parabolantennen mit einer Parabolspiegelgröße von 25 m. Durch den Einsatz dieser Very Large Antenna (VLA) mit einem Spektralbereich von 1,0 GHz–50 GHz können kosmische Radiowellen erfasst werden. Im Gegensatz zum DSN handelt es sich hierbei um ein phasengesteuertes Gruppenstrahler-System mit ausschließlich Parabolantennen als Gruppenstrahler-Elemente.

ALMA ist ein weiteres leistungsstarkes Teleskop zur Erforschung des Universums bei Submillimeter- und Millimeterwellenlängen, an der Grenze zwischen Infrarotlicht und den längeren Radiowellen [8]. Allerdings ähnelt ALMA nicht der Vorstellung vieler Menschen von einem riesigen Teleskop.

ALMA besteht aus 66 Antennen, 54 davon mit Parabolspiegeln mit einem Durchmesser von 12 m und 12 kleineren Antennen mit einem Durchmesser von jeweils 7 m.

Die Oberflächen der Parabolspiegel werden sorgfältig kontrolliert und die Antennen können sehr präzise gesteuert und mit einer Winkelgenauigkeit von 0,6 Bogensekunden ausgerichtet werden (eine Bogensekunde entspricht 1/3600 Grad). Dies ist genau genug, um einen Golfball aus einer Entfernung von 15 km zu erkennen.

Literatur

1. www.radartutorial.eu
2. A. B. Rohwer, D. H. Derosiers, W. Bach, H. Estavillo, P. Makridakis and R. Hrusovsky: Iridium Main Mission Antennas – A phased array success story and mission update. 2010 IEEE International Symposium on Phased Array Systems and Technology, pp. 504–511 (2010).
3. C. A. Balanis: Antenna Theory. John Wiley & Sons, Inc. Fourth Edition (2016).
4. Th. L. Marzetta, E. G. Larsson, H. Yang, H. Q. Ngo: Fundamentals of Massive MIMO. Cambridge University Press (2016).
5. NASA JPL: NASA Adds Giant New Dish to Communicate With Deep Space Missions. https://www.jpl.nasa.gov/news/nasa-adds-giant-new-dish-to-communicate-with-deep-space-missions
6. NASA JPL: Deep Space Network. https://www.jpl.nasa.gov/missions/dsn
7. National Radio Astronomy Observatory in San Augustin in New Mexico. https://public.nrao.edu/telescopes/vla/
8. European Southern Observatory. https://www.eso.org/public/ireland/teles-instr/alma/antennas

Schlussbemerkungen 9

Nach einer Einführung in die Antennentheorie, basierend auf den Maxwellschen Gleichungen und der Vektoralgebra, wurden allgemeine Eigenschaften von Antennen abgeleitet. Anschließend wurden verschiedene Antennenelemente beschrieben. Als nächstes wurden phasengesteuerte Antennen-Gruppenstrahler eingeführt. Nach diesen grundlegenden Erläuterungen lag der Schwerpunkt auf der Simulation von Strahlungseigenschaften und deren Überprüfung durch Messungen an einem linearen Gruppenstrahler von Patchantennen.

Ein umfassender, systematischer Katalog zeigt die Abstrahlcharakteristik von linearen Gruppenstrahlern für verschiedene Schwenkungswinkel. Für die Strahlformung wurden binomische und Tschebyscheff-Amplitudenwichtungen verwendet. Alle diese Konstellationen werden auch für Fernfeld und Nahfeld dargestellt. Es zeigte sich, dass ein größerer Schwenkwinkel höhere Nebenkeulen erzeugt und die Strahlbreite etwas vergrößert bzw. den Antennengewinn geringfügig verringert.

In einem nächsten Kapitel wurden zweidimensionale Gruppenstrahler untersucht und simuliert. Antennenrichtdiagramme werden für verschiedene gewünschte Strahlschwenkungswinkel gezeigt. Außerdem wurde die Strahlformung mit homogener und Tschebyscheff-Amplitudenwichtung vorgestellt, um die gewünschte Strahlform, also die Unterdrückung unerwünschter Nebenkeulen, zu erreichen. Für größere Schwenkwinkel wurde eine asymmetrische Amplitudenwichtung erklärt und erfolgreich eingesetzt. Auch hier werden Strahlungseigenschaften für das Fernfeld und verschiedene Nahfeldkonstellationen dargestellt. Als nächstes wurden konforme Gruppenstrahler betrachtet. Zunächst wurden die Ergebnisse eines eindimensionalen Gruppenstrahlers betrachtet, also konkaver und konvexer Anordnungen von Patchantennen. Auch hier gibt es einen umfassenden Katalog der Simulations- und Messergebnisse von Antennenrichtdiagrammen für verschiedene Schwenkwinkel und Amplitudenwichtungen. Musterergebnisse wurden für Fernfeld, Nahfeld und den Sonderfall angegeben, bei dem der interessierende Aufpunkt im Fokus der

© Der/die Herausgeber bzw. der/die Autor(en), exklusiv lizenziert an Springer Nature Switzerland AG 2024 135
S.-P. Chen und H. Schmiedel, *Phasengesteuerte Antennen- Gruppenstrahler*,
https://doi.org/10.1007/978-3-031-56830-5_9

konkaven Anordnung liegt. Auf eindimensionale Gruppenstrahler folgten zweidimensionale Gruppenstrahler. Auch hier wurden Strahlungseigenschaften für verschiedene Konstellationen gezeigt.

Alle diese Gruppenstrahler ermöglichen es, einen Strahl in eine gewünschte Richtung im Raum zu schwenken und zu formen. Konkave Gruppenstrahler können zur präzisen Bestrahlung von Proben verwendet werden, während konvexe Gruppenstrahler die ideale Grundlage für Schwenkwinkelkonfigurationen von 360° bilden, z. B. für Kommunikationssysteme. Anschließend wurde den MIMO-Antennensystemen ein komplettes Kapitel gewidmet. Um die Auswirkungen und Anforderungen an die Antennensysteme für verschiedene mobile Kommunikationssysteme zu verstehen, wurden kommunikationstechnische Aspekte umfassend erläutert. Schließlich wurden ausgedünnte Gruppenstrahler und ihre Eigenschaften im Hinblick auf Weltraum- und astronomischen Anwendungen diskutiert.

Wir hoffen, dass dieses Buch dazu beitragen wird, Ingenieuren und Studenten dabei zu helfen, neue Antennen-Gruppenstrahler-Systeme für gegebene Designspezifikationen für neue technische Herausforderungen zu entwerfen.

Radiofrequenzbänder

A.1 IEEE Frequenzbänder

Die IEEE-Frequenzbänder und Wellenlängenbereiche der am häufigsten verwendeten elektromagnetischen Wellen in Informations- und Kommunikationstechnologien, erweitert um das Terahertz-(THz)-Band, das Infrarot-(IR)-Band und das sichtbare Licht, sind in der folgenden Tabelle aufgelistet (Tab. A.1).

Tab. A.1 IEEE Frequenzbänder

Abkürzung	Frequenzband	Wellenlängenbereich
HF	0,003 GHz–0,03 GHz	10 m–100 m
VHF	0,03 GHz–0,3 GHz	1 m–10 m
UHF	0,3 GHz–1 GHz	300 mm–1000 mm
L Band	1 GHz–2 GHz	150 mm–300 mm
S Band	2 GHz–4 GHz	75 mm–150 mm
C Band	4 GHz–8 GHz	37,5 mm–75 mm
X Band	8 GHz–12 GHz	25 mm–37,5 mm
Ku Band	12 GHz–18 GHz	16,7 mm–25 mm
K Band	18 GHz–27 GHz	11,1 mm–17 mm
Ka Band	27 GHz–40 GHz	7,5 mm–11,1 mm
V Band	40 GHz–75 GHz	4 mm–7,5 mm
W Band	75 GHz–110 GHz	2,7 mm–4 mm
mm Wellen	100 GHz–300 GHz	1 mm–2,7 mm
THz Band	300 GHz–3 THz	0,1 mm–1 mm
Infrarot	3 THz–480 THz	0,625 μm–100 μm
Sichtbares Licht	480 THz–680 THz	0,44 μm–0,625 μm

© Der/die Herausgeber bzw. der/die Autor(en), exklusiv lizenziert an Springer Nature   137
Switzerland AG 2024
S.-P. Chen und H. Schmiedel, *Phasengesteuerte Antennen- Gruppenstrahler*,
https://doi.org/10.1007/978-3-031-56830-5

Tab. A.2 ITU Frequenzbänder

ITU Nr.	Abkürzung	Frequenzband	Wellenlängenbereich
1	ELF	3–30 Hz	100.000–10.000 km
2	SLF	30–300 Hz	10.000–1.000 km
3	ULF	300–3,000 Hz	1.000–100 km
4	VLF	3–30 kHz	100–10 km
5	LF	30–300 kHz	10–1 km
6	MF	300–3.000 kHz	1.000–100 m
7	HF	3–30 MHz	100–10 m
8	VHF	30–300 MHz	10–1 m
9	UHF	300–3,000 MHz	1–0,1 m
10	SHF	3–30 GHz	100–10 mm
11	EHF	30–300 GHz	10–1 mm
12	THz, THF	300–3.000 GHz	1–0,1 mm
	Infrarot	3 THz–480 THz	0,625 μm–100 μm
	Sichtbares Licht	480 THz–680 THz	0,44 μm–0,625 μm

A.2   ITU Frequenzbänder

In der folgenden Tabelle sind die ITU-Frequenzbänder mit speziellen Abkürzungen, Frequenzbändern und Wellenlängenbereichen dargestellt (Tab. A.2).

A.3   EU-NATO-Frequenzbänder

In der folgenden Tabelle sind die EU-NATO-Frequenzbänder mit speziellen Abkürzungen, Frequenzbändern und Wellenlängenbereichen dargestellt (Tab. A.3).

Tab. A.3 EU-NATO-Bänder

IEEE	Band	EU/NATO	Band
L	1–2 GHz	D	1–2 GHz
S	2–4 GHz	E	2–3 GHz
C	4–8 GHz	F	3–4 GHz
X	8–12 GHz	G	4–6 GHz
Ku	12–18 GHz	H	6–8 GHz
K	18–27 GHz	I	8–10 GHz
Ka	27–40 GHz	J	10–20 GHz
V	40–75 GHz	K	20–40 GHz
W	75–110 GHz	L	40–60 GHz
mm	110–300 GHz	M	60–100 GHz
Terahertz	0,3–3 THz	Terahertz	0,3–3 THz
Infrarot	3–480 THz	Infrarot	3–480 THz
Sichtbares Licht	480–680 THz	Sichtbares Licht	80–680 THz

Printed in the United States
by Baker & Taylor Publisher Services